W0256106

ISBN 978-3-662-23918-6 ISBN 978-3-662-26030-2 (eBook)
DOI 10.1007/978-3-662-26030-2

Die in den Sitzungsberichten Abtlg. I und Abtlg. IIa der math.-nat. Klasse der Österr. Ak. d Wiss. erscheinenden Abhandlungen werden auch einzeln abgegeben. Sie können durch jede Buchhandlung oder direkt durch die Auslieferungsstelle der Österreichischen Akademie der Wissenschaften (Wien I, Singerstraße 12) bezogen werden.

Nachfolgende Abhandlungen aus dem Fache **Botanik** (Biologie) sind erschienen:

1954 (S I Bd. 163):

Schiller J.: Über Cyanophyceen aus kleinen künstlichen Wasserbecken und aus dem Ruster Kanal des Neusiedler Sees (mit 17 Textabbildungen [49 Einzelbilder]), 31 Seiten. S 23.40

1955 (S I Bd. 164):

Hölzl J.: Über Streuung der Transpirationswerte bei verschiedenen Blättern einer Pflanze und bei artgleichen Pflanzen eines Bestandes (mit 8 Textabbildungen). S 40.—
Huber Elfriede: Vitalfärbungsversuche an Hochmooralgen mit leeren und vollen Zellsäften (mit 13 Abbildungen auf 3 Tafeln). S 36.40
Kiermayer O.: Über die Reduktion basischer Vitalfarbstoffe in pflanzlichen Vakuolen (mit 4 Tafeln und 1 Farbtafel). S 25.20
Loub W.: Algenbiozönosen des Neusiedler Sees (mit 9 Textabbildungen). S 22.—
Url W.: Resistenz von Desmidiaceen gegen Schwermetallsalze (mit 8 Abbildungen auf 2 Tafeln). S 23.—
Ziegler Annemarie: Die blau fluoreszierenden Idioblasten der Scrophulariaceen: Morphologie, Mikrochemie und Vitalfärbbarkeit (mit 19 Abbildungen im Text und auf 3 Tafeln). S 46.90

1956 (S I Bd. 165):

Abel W. O.: Die Austrocknungsresistenz der Laubmoose (mit 14 Abbildungen im Text und auf 5 Tafeln). S 73.30
Fetzmann Elsa Leonore: Beitrag zur Algensoziologie (mit 3 Textabbildungen, 4 Tafeln und 1 Beilage). S 73.60
Lenk Ingeborg: Vergleichende Permeabilitätsstudien an Süßwasseralgen (Zygnemataceen und einige Chlorophyceen) (mit 7 Textabbildungen). S 83.60
Sperlich A.: Die Fortpflanzungstüchtigkeit (Phyletische Potenz) des Fremdbefruchters. Nach Versuchen mit drei Formen des Alectorolohus hirsutus (Lam.) Alb. S 58.90

1957 (S I Bd. 166):

Politis J.: Über die „Tanninoplasten" oder Gerbstoffbildner der Crassulaceae (mit 2 Textabbildungen und 1 Tafel). S 6.—
Politis J.: Über einen neuen Pflanzenfarbstoff in den Blüten einiger Verbascum-Arten (mit 2 Tafeln). S 5.20
Übeleis Ilse: Osmotischer Wert, Zucker- und Harnstoffpermeabilität einiger Diatomeen (mit 1 Textabbildung). S 30.40

1958 (S I Bd. 167):

Höfler Karl: Permeabilitätsstudien an Parenchymzellen der Blattrippe von Blechnum spicant (mit 5 Textabbildungen). S 45.—
Rechinger K. H., Dulfer H. und Patzak A.: Širjaevii fragmenta astragalogica IV. S 38.10
Url Walter: Zur Wirkung der Atmungsgifte Natriumazid und Dinitrophenol auf die Permeabilität von Blechnum spicant-Zellen (mit 3 Textabbildungen). S 25.—
Wawrik Friederike: Hochgebirgs-Kleingewässer im Arlberggebiet III (mit 3 Textabbildungen und 1 Tafel). S 18.90

1959 (S I Bd. 168):

Biebl Richard: Röntgenstrahlenwirkungen auf Commelinaceenstecklinge (Total-und Partialbestrahlungen) (mit 9 Tabellen und 5 Textabbildungen). S 31.20
Höfler Karl: Über die Gollinger Kalkmoosvereine (mit 1 Textabbildung und 1 Tafel). S 34.50
Höfler Karl und Fetzmann Elsa Leonore: Algen-Kleingesellschaften des Salzlackengebietes am Neusiedler See I (mit 1 Tafel). S 21.50
Hustedt Friedrich: Die Diatomeenflora des Salzlackengebietes im österreichischen Burgenland (mit 31 Textabbildungen und 1 Tafel). S 53.90
Luhan Maria: Zur Wurzelanatomie unserer Alpenpflanzen. IV. Compositae (mit 9 Textabbildungen und 4 Tafeln). S 36.90
Pfoser Karl: Vergleichende Versuche über Verholzungsreakionen und Fluoreszenz (mit 2 Textabbildungen und 2 Tafeln). S 18.70
Rechinger K. H., Dulfer H. und Patzak A.: Širjaevii fragmenta astragalogica. S 29.40
Wendelberger Gustav: Die Vegetation des Neusiedler See-Gebietes. S 7.20

Die Vitalfärbung voller Zellsäfte und ihre cytochemische Interpretation

Von Erika Bolay

(Aus dem Pflanzenphysiologischen Institut der Universität Wien)

Mit 1 Textabbildung und 5 Tafeln

(Vorgelegt in der Sitzung am 23. Juni 1960)

Inhalt

Einleitung

Seitdem sich das Interesse der Zellphysiologen den Möglichkeiten zuwandte, die sich ihnen in Form der Vitalfärbung boten, mußten sich die Forscher immer wieder mit der Erscheinung der Metachromasie auseinandersetzen.

Unter Metachromasie wird bekanntlich die Tatsache verstanden, daß ein Farbstoff die verschiedenen Bestandteile der Zelle in verschiedenen Farbtönen anfärbt. Ein besonderer metachromatischer Effekt ist der, daß ein basischer Farbstoff in den Vakuolen einer Zellart positiv metachromatisch (im Sinne von Kinzel 1958) und in den Vakuolen einer anderen Zellart, oft von der gleichen Pflanze, negativ metachromatisch gespeichert wird. Manche Wissenschaftler glaubten dies mit Aciditätsunterschieden in den betreffenden Zellsäften erklären zu können. HÖFLER jedoch wies der Forschung in diesem Punkt einen neuen Weg. Er konnte in einigen Arbeiten über Fluoreszenzerscheinungen (1947 a, b, 1949) belegen, daß es sich bei den Zellsäften mit positiv metachromatischer Färbung um „leere" oder speicherstofffreie und bei den Zellsäften mit negativ metachromatischer Färbung um „volle" oder speicherstofführende Vakuolen handelt.

In den sog. leeren Zellsäften ist die Speicherung des Farbstoffes die Folge eines Konzentrationseffektes, der zumeist durch den Ionenfallenmechanismus bedingt ist. Auf jeden Fall aber liegt ihr eine Assoziation der Farbionen zugrunde (KINZEL 1958, 1959).

Das Speicherungsprinzip der sog. vollen Zellsäfte hingegen ist ein ganz anderes. Hier gehen die infolge ihrer guten Lipoidlöslichkeit durch das Plasma permeierenden Farbbasenmoleküle eine chemische Verbindung mit irgendwelchen Inhaltsstoffen ein. Über die Art der Verbindung sowie über die Art der Inhaltsstoffe herrschen auch heute noch verschiedene Ansichten.

PFEFFER, der 1886 den Anilinfarbstoff Methylenblau einführte und damit zum eigentlichen Begründer der Vitalfärbung wurde, sprach von einer Bindung an Gerbstoffe. Auch HÄRTEL konnte in einer 1951 erschienenen Arbeit mit Hilfe des von JOACHIMOWITZ in die Mikrochemie eingeführten und von MOLISCH und TUNMANN für Katechine übernommenen Reagens p-Dimethylaminobenzaldehyd die Gruppe der Katechingerbstoffe als Ursache voller Zellsäfte angeben. Den Katechingerbstoffen nahe verwandt sind die sich ebenfalls auf dem Flavanskelett aufbauenden Flavonderivate (PAECH 1950). Sie wurden daher auch in vollen Zellsäften vermutet und konnten dort auch von verschiedenen Forschern nachgewiesen werden (vgl. KASY 1951, HÄRTEL 1953, KINZEL 1958, BANCHER und HÖLZL 1960).

Diesen beiden Stoffkategorien gemeinsam sind phenolische Hydroxylgruppen, von denen man annimmt, daß sie zu den Aminogruppen des Farbstoffes Wasserstoffbrücken ausbilden und so zum Aufbau einer Molekülverbindung Anlaß geben (KINZEL 1958).

DRAWERT (1940) hatte einen besonderen Lipoidreichtum gewisser Phasen des Zellsaftes als Grund für den vollen Charakter dieser Vakuolen angenommen, während RUHLAND (1912) und LEPESCHKIN (1911a) sich salzartige Verbindungen der Farbbasen mit hochmolekularen organischen Säuren als Ursachen der negativen Metachromasie vorstellten. Schließlich wurde auch noch ein bestimmter Plasmazustand, der durch Gerbstoffe (siehe HAUSER 1934) und Flavone als Schutzkolloide aufrechterhalten wird, als

Erklärung der Farbstoffspeicherung in vollen Zellsäften herangezogen (HÄRTEL 1953).

In dieser Arbeit soll nun versucht werden, das „volle" Färbungsbild, das mit etlichen basischen Farbstoffen an zahlreichen Pflanzen erhalten wurde, in Zusammenhang zu bringen zu einigen ausgewählten mikrochemischen Reaktionen.

Material und Methodik

a) Material:

Zu meinen Untersuchungen zog ich Freilandpflanzen heran, da Gewächshauspflanzen infolge der veränderten und sehr oft durchaus nicht optimalen Lebensbedingungen mir kein verläßliches Bild in bezug auf ihre Speicherstoffe zu bieten schienen. Ich habe die Pflanzen zum großen Teil auf Exkursionen selbst gesammelt.

Ein Exkursionsziel war das Gebiet der Hainburger Berge. Diese Landschaft stellt eine Grenzzone zwischen Alpen und Karpathen dar und ist geologisch gekennzeichnet durch Jurakalke (vor allem Lias) sowie kristalline Schiefer. Die Niederschlagsmenge von 200—225 cm bedingt den Charakter der Vegetation. Es reihen sich pannonischer Buschwald in den tiefen Lagen, Trockenrasen und schließlich Felsheide aneinander. Ein anderer Teil der gesammelten Objekte stammte aus der Gänserndorfer Heide, einer glacialen Donauterrasse aus dem Jungpleistozän mit diluvialem Schotter, bedeckt von nährstoffreichem, feinsandigem Lehm. Weitere Exkursionen brachten Material aus dem Wienerwald (Spätkreide — und eozäne Sandsteine) aus dem Kalkgebiet der Thermallinie sowie aus der alluvialen Aufschüttungs- und Verlandungszone der Donauauen.

An dieser Stelle muß erwähnt werden, daß der Standort eines Objektes eine wesentliche Rolle im Hinblick auf das Färbungsbild spielt. Gleiche Objekte von verschiedenen Standorten mit unterschiedlichen Bodenverhältnissen variieren oft stark in der Fähigkeit, einen Farbstoff chemisch zu binden und zur Ausfällung zu bringen. TUNMANN weist in seinem Buch „Pflanzenmikrochemie" (Berlin 1931) sogar darauf hin, daß bei mikrochemischen Versuchen auch das Alter der untersuchten pflanzlichen Organe sowie die Tageszeit von maßgebender Bedeutung sein können. Da es mir aber nur auf die Gegenüberstellung der mikrochemischen Reaktion und des Färbungsbildes zu dem Zeitpunkt, da das Objekt eben diese bestimmte Reaktion zeigt, ankam, habe ich darauf verzichtet, einen Zusammenhang zwischen den oben erwähnten Faktoren und dem Typ der Färbung herstellen zu wollen.

b) Methodik:

Die meisten meiner Versuche führte ich an Epidermen von der Oberseite der Blätter aus. Gelegentlich wurden auch Idioblasten aus dem Palisaden- oder Schwammparenchym herangezogen. Die Präparation erfolgte durch Schnittführung mit einer Rasierklinge, nie durch Abziehen der Epidermis, da hierbei die Schädigung der Zellen sich deutlich bemerkbar macht. Anschließend wurden die Schnitte in destilliertem Wasser mit einer Wasserstrahlpumpe entlüftet und infiltriert, um dann in die Farbstofflösungen übertragen zu werden. Diese wurden in der Konzentration 1:10.000 (ausgehend von einer Stammlösung 1:1000) angewandt. Sie waren durch Zugabe eines Phosphatpuffergemisches auf einen bestimmten p_H eingestellt. Es kam mir dabei weniger auf die Einhaltung einer p_H-Feinstufe als vielmehr nur auf eine Wasserstoffionenkonzentration an, bei der das Dissoziationsgleichgewicht des Farbstoffes möglichst zugunsten der Farbbasenmoleküle verschoben war. Die beiden Farbstoffe Neutralrot und Rhodamin B wurden nicht gepuffert, vielmehr gelangte Neutralrot in Leitungswasser und Rhodamin B in dest. Wasser gelöst (letzteres 1:5000) zur Anwendung. Außer diesen beiden Farbstoffen verwendete ich noch Acridinorange, Brillantcresylblau und Toluidinblau, also insgesamt nur bereits gut bekannte Farbstoffe.

In den Farblösungen verblieben die Schnitte längere Zeit, manchmal sogar ein bis drei Stunden. GICKLHORN (1929) wies ja schon in einer seiner Arbeiten darauf hin, daß sich gewisse Färbebilder erst nach geraumer Zeit einstellen und daß man daher von Kurzfärbungen noch nicht auf den endgültigen Typ der Farbstoffspeicherung schließen könne. Dies fand ich oft bestätigt. Ein Objekt konnte nach einstündigem Färben nur diffus gefärbt erscheinen und nach einer weiteren halben Stunde Entmischungskugeln aufweisen.

Parallel mit den färberischen Versuchen lief die Behandlung der Schnitte mit einigen mikrochemischen Reagentien. Auf diese sowie ihre Herstellung und Spezifität soll in einem der nächsten Abschnitte eingegangen werden. Zur Ausführung der Reaktionen aber muß bemerkt werden, daß immer mit den Präparaten selbst und nie mit irgendwelchen, aus ihnen gewonnenen Auszügen oder Sublimaten gearbeitet wurde. Die Schnitte wurden auf dem Objektträger direkt in einen Tropfen des jeweiligen Reagens eingetragen. Bei dieser Arbeitsweise sind etwa auftretende Färbungen und Niederschläge viel besser lokalisiert zu erhalten als beim Durchsaugen der Reagentien durch das Präparat. Die Beobachtung erfolgte gleich nach dem Einlegen. Eine Ausnahme bildete die Reaktion mit Ferrichlorid, da diese einige Zeit und Zutritt von Luftsauerstoff zu ihrem Ablauf benötigt. Als Lichtquelle diente meist das Tageslicht; wurde mit Kunstlicht beobachtet, so schaltete ich ein Tageslichtfilter vor. Nur so war es möglich, die Farbreaktionen einigermaßen sicher zu beurteilen.

Zur Morphologie der Fällungen und Entmischungen

1. Allgemeines

Die Mannigfaltigkeit der Färbeerscheinungen in vollen Zellsäften ist gegeben durch die verschiedenen Formen, die die Verbindungen der Farbstoffe mit den Zellinhaltsstoffen annehmen können. Manchmal bleiben die Verbindungen in der Vakuole gelöst, wohl in kolloidaler Form. Es kann aber auch zu einer Entmischung kommen, wenn der Farbstoff auf die Speicherstoffe einwirkt und diese aus dem Lösungsgleichgewicht ausfällt. Viele Forscher haben sich mit diesen Entmischungs- oder Ausfällungsprodukten befaßt. Sie kamen dabei zu der Auffassung, daß sich die Vielfalt der Entmischungsformen im wesentlichen drei Grundtypen zuordnen läßt, nämlich der Bildung von Kugeln oder Tropfen, der Entstehung von Entmischungsaggregaten, wie sie DRAWERT (1939) nennt, und schließlich den kristallinen Fällungen in Gestalt von Sphärokristallen oder Kristallbüscheln.

Zur Bildung kugeliger Entmischungen ist jeder der bis jetzt untersuchten Farbstoffe (der basischen vor allem) befähigt. Es ist diese Fähigkeit also nicht für einen bestimmten Farbstoff spezifisch, sondern eher als eine Funktion des betreffenden Inhaltsstoffes und des physikochemischen und physiologischen Zustandes der Zellen anzusprechen.

KÜSTER (1956, S. 566) verglich die Entmischungskugeln mit den Koazervattropfen von BUNGENBERG DE JONG (1932, 1940) und zog als Beweis für eine gewisse Ähnlichkeit die gelegentlich beobachtete Vakuolisierung der Entmischungskugeln heran, die zu schaumigen Strukturen oder zur Ausbildung von Hohlkugeln führen kann. Eine solche Vakuolisierung wird schon bei ELSNER (1932) für Entmischungstropfen mit Methylenblau erwähnt, die bei Plasmolyse der Zellen, in denen sie ausgefallen sind, eine schaumige Umgestaltung erfahren. Auch BANK (1936) sprach sich für die Koazervatnatur der Entmischungstropfen aus und bezeichnete die Koazervation als reversible Entmischung, die zur irreversiblen Flockung nur einen graduellen Unterschied im Dispersionsgrad aufweise.

WEBER unterschied in seiner 1930 erschienenen Arbeit über Vakuolenkontraktion, Tropfenbildung und Aggregation in Stomatazellen drei Vorgänge, die zum Auftreten kugeliger Gebilde führen können. Er arbeitete mit Neutralrot an den Schließzellen der Blattunterseite von *Rumex acetosa* und gab an, daß entweder intensiv gefärbte Kugeln in den dem Volumen nach unveränderten Vakuolen entstehen oder die Vakuolen nach Ausbildung einiger Kugeln sich kontrahieren und selbst Kugelform annehmen oder aber durch Zerklüftung in mehrere Teilvakuolen das Bild einer kugeligen Entmischung vortäuschen. Als solche kann man jedoch nur den ersten Vorgang ansprechen, zu dem WEBER bemerkte, daß die viel stärker tingierten Farbstoffkugeln entweder in sehr großer Zahl und kleinen Dimensionen auftreten können, um dann zu größeren zusammenzufließen, oder daß von Anfang an sich größere Kugeln (im Extremfall nur eine große Kugel) bilden, welchen Fall er aber als den selteneren bezeichnete.

GICKLHORN (1929) beschrieb bei *Ceratophyllum* kugelige Entmischung, die allerdings bei diesem Objekt nicht als solche erhalten blieb. Auch für *Cirsium oleraceum* wies er miteinander verschmelzende Entmischungskugeln nach (1932 b). FLASCH konnte während ihrer Arbeit über die Festigkeit der Bindung basischer Farbstoffe (1955) bei vielen ihrer Objekte sowohl für Rhodamin B als auch für eine Reihe anderer Vitalfarbstoffe Tröpfchenspeicherung feststellen. ELSNER hatte sich, wie schon erwähnt, 1932 mit dem Farbstoff Methylenblau befaßt und unterschied bei seinen Versuchspflanzen neben anderen Färbungstypen auch einen kugelbildenden Typ.

Für den neutralen Farbstoff Rhodamin B gab DRAWERT (1939) die Fähigkeit zur Kugelbildung in den Zellen der Außenepidermis von *Allium cepa* an. Auch WALDHEIM (1955) hat während seiner Vitalfärbestudien mit Rhodamin B bei den verschiedensten Objekten kugelige Entmischung nachgewiesen.

Schließlich sind an dieser Stelle noch die Beobachtungen HÄRTELS an *Cirsium arvense* (1953) zu nennen. Wenn er Schnitte in Acridinorange färbte, entstanden kleine Entmischungstropfen, die zunächst gelbgrün, später mehr rötlich fluoreszierten. Unterwarf er die Präparate einer Dauerfärbung (über Nacht), so erschienen die Kugeln leuchtend rot. HÄRTEL sprach in diesem Zusammenhang die Vermutung aus, daß sich die für die Speicherung maßgebenden Stoffe in der Entmischungskugel konzentrieren, so daß es dort zu einer äußerst starken Farbstoffanreicherung unter gleichzeitiger Polymerisation kommt.

Der Begriff des Entmischungsaggregates ist bei weitem nicht so gut abgegrenzt und definiert wie der des Entmischungstropfens.

Zur Frage nach der Entstehung solcher Aggregate erklärte GICKLHORN (1929), daß mehr oder weniger fest erscheinende Körnchen, die in zunächst diffus gefärbten Zellen (nach einem von Objekt zu Objekt verschiedenen Zeitraum) ausfallen, sich zu diesen Aggregaten aneinander legen, ohne miteinander zu verschmelzen. Ebenso erwähnte er, daß derartige Aggregate als mikrokristalline Fällungen angesprochen werden, jedoch keine Doppelbrechung zeigen. Um Entmischungsaggregate dürfte es sich auch bei den von GICKLHORN (1932b) für *Iris flavescens* beschriebenen Gerüstbildungen handeln, die nach Vitalfärbung im Zellsaft auftraten. Ebenfalls von Entmischungsaggregaten spricht DRAWERT in seinen Untersuchungen über die Rhodamine (1939). Auch er konnte an seinem Objekt, der Innenepidermis treibender Zwiebeln, kleine Tröpfchen beobachten, die aneinander haften bleiben. WALDHEIM (1955) hat in seiner schon genannten Arbeit derart entstandene Aggregate als „Dendriten" bezeichnet, ein eigentlich recht glücklich gewählter Ausdruck, wenn man bedenkt, daß es sich bei diesen Aggregaten um oft reich verzweigte Gebilde handelt.

Auch der von vielen Wissenschaftlern verwendete Ausdruck der Krümelspeicherung ist dem Begriff des Entmischungsaggregates unterzuordnen, denn in den meisten Fällen kann man bei starker Vergrößerung die als „Krümel" bezeichneten Farbstoffflocken als winzigste Kügelchen identifizieren, die in der geschilderten Weise zusammenhängen. Diese krümeligen Aggregate sind in der Regel sehr fein und infolge ihrer zierlichen Gestalt oft als Ganzes in BMB befindlich.

Die Beobachtungen ELSNERS (1932), der die Bildung flockenartiger Gebilde aus zunächst einzeln liegenden „punktförmigen Fällungen" beschrieb, sprechen ebenfalls dafür, daß Krümelfällungen auf primär kugelige Entmischung zurückgehen. Es wäre aber denkbar, daß es auch Krümelfällungen gibt, bei denen der Farbstoff nicht mehr in Kugelgestalt (wenn auch in kleinsten Ausdehnungen) ausflockt, sondern sich aus der Vakuole in irgendwie unregelmäßig geformten Partikelchen abscheidet. Eine Entscheidung darüber kann und soll im Rahmen dieser Arbeit nicht gefällt werden.

Sehr viel seltener als die jetzt besprochenen Arten der Farbstoffspeicherung und Farbstoffällung durch zelleigene Stoffe sind mehr oder weniger gut ausgebildete Kristallformen.

Doch kann man hier schon auf eine Arbeit von PFEFFER (1886) zurückgreifen, der für *Zygnema* mit Methylenblau die Ausscheidung von Kristallen und Sphäriten aus diffus gefärbten Vakuolen angab. Methylenblau bildete nach ELSNER (1932) auch in den Blättern von *Beta vulgaris* Tropfen, die Sphäritcharakter annahmen, während in den Zellen der Kronenblätter von *Verbascum* stäbchenförmige Kristalle entstanden. Drusenförmige Kristallaggregate erhielt GICKLHORN (1929) mit Neutralrot bei *Ceratophyllum* und auch SCHWENGBERG (1949) beobachtete ähnliche Gebilde bei *Funaria*, die aber auch Kristallnadeln zu fällen imstande war.

HÄRTEL (1953) konnte bei *Cirsium arvense* die mit Acridinorange erhaltenen Entmischungskugeln durch Einwirkung von Schwefelsäure oder aber bei Versuchen am Mikroheiztisch in Kristallsphärite umwandeln. Der Vollständigkeit halber sei erwähnt, daß DRAWERT und ENDLICH (1956) auch für einen sulfosauren Farbstoff, das Brillantsulfoflavin, kristalline Speicherung in Blütenblattzellen nachgewiesen haben.

2. Erklärungen zur verwendeten Terminologie

Im folgenden soll eine Übersicht über die in dieser Arbeit zur Charakterisierung des Färbeaspektes verwendete Terminologie gegeben werden. Der Begriff der Entmischungskugel oder des Entmischungstropfens ist so eindeutig und scharf bestimmt, daß sich eine nähere Beschreibung erübrigt. Hier handelt es sich, wie schon die Bezeichnung „Tropfen" zeigt, durchwegs um flüssige Entmischungsformen. Im Begriff des Entmischungsaggregates wurde noch eine weitere Aufgliederung vorgenommen. Es werden nun Verschmelzungsprodukte, Dendriten und Krümel unterschieden.

a) Verschmelzungsprodukt: So wird eine Entmischungsform genannt, die das Aussehen hat, als seien mehrere größere bis große Kugeln unvollständig miteinander verschmolzen, so daß man die Einschnürungen an den Ansatzstellen der einzelnen Kugeln genau wahrnehmen kann. Gelegentlich kann eine spätere Abrundung zur Kugelgestalt erfolgen.

b) Als Dendrit wird eine Entmischungsform angesprochen, bei der sich eine größere Zahl (mindestens etwa 20) von Kügelchen aneinanderheften, aber ohne zu verschmelzen, was das ganze Aggregat in manchen Fällen wie eine dicht gereihte Perlenkette erscheinen läßt. Auch hier sind die Einschnürungen deutlich zu erkennen.

c) Die Krümelfällung schließlich könnte als besonders zierliche Dendritenform bezeichnet werden, bei der man die Zusammensetzung aus kleinsten Kügelchen nur mehr schwer oder gar nicht erkennt. Selbstverständlich gibt es zwischen diesen drei Modifikationen des Entmischungsaggregates Übergänge und man steht immer wieder vor der Schwierigkeit der Benennung.

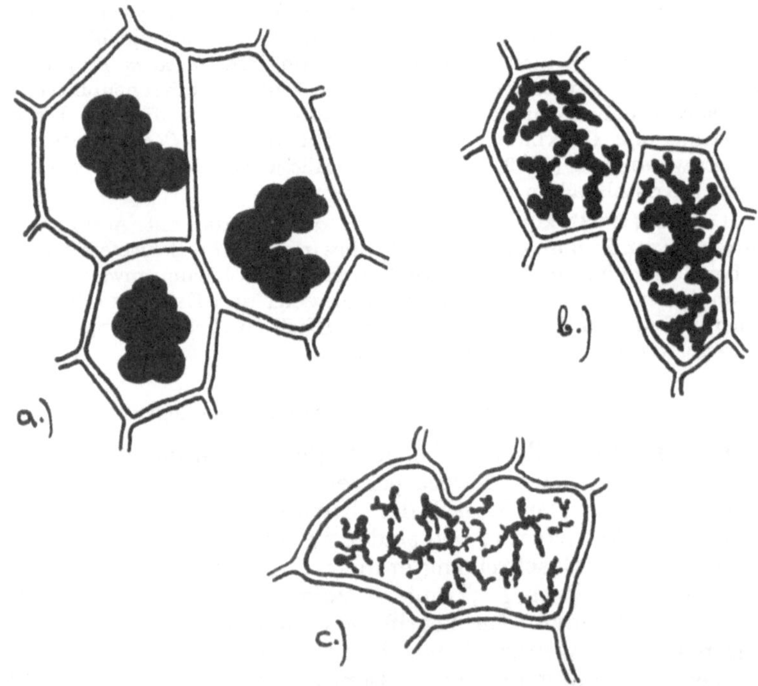

Abb. 1. Schemata der Entmischungsaggregate bei Vitalfärbung. a Verschmelzungsprodukt, b Dendritenfällung, c Krümelfällung.

Gelegentlich erscheint in dieser Arbeit auch die Bezeichnung „Körnchenfällung". Da dieser Fällungstyp nur relativ selten vorkommt, soll er nicht eingehend besprochen werden. Er tritt meistens in stark gerbstoffhaltigen Vakuolen auf, die dann meist dicht erfüllt erscheinen von wahrscheinlich ziemlich festen „Körnchen". Möglicherweise handelt es sich dabei in vielen Fällen um eine außerordentlich kompakte Dendritenfällung, die hier besonders reich verzweigt und verschlungen ist.

Ergänzend möchte ich an dieser Stelle erwähnen, daß ich an zwei Objekten die Bildung der Entmischungskugeln bzw. Dendriten unter dem Mikroskop verfolgt habe, um sicherzustellen, daß in beiden Fällen die Entmischung mit kleinsten Kügelchen beginnt.

1. Kugelbildung:

Ein Schnitt der Blattoberseite von *Plantago media* wurde auf dem Objektträger in einen Tropfen Neutralrot gelegt, mit einem Deckglas bedeckt und sofort beobachtet. Hier das Protokoll des Versuches:

15.07 h Schnitt eingelegt.

15.08 h schon tritt der erste, allerdings noch kaum wahrnehmbare diffuse Schimmer in manchen Vakuolen auf.

15.10 h ist die Diffusfärbung deutlich als solche zu erkennen.

15.16 h sind die ersten winzigsten Kügelchen ausgefallen und befinden sich in außerordentlich lebhafter BMB. Wenn sich diese Kügelchen einander nähern, so zittern sie zuerst noch geraume Zeit in heftiger BMB. Berühren sie sich dabei, so bleiben sie aneinander kleben und verschmelzen schließlich zu einer größeren Kugel. An solchen größeren Kugeln heften sich die kleineren an und fließen in diese hinein. Zur Erklärung dieses Vorganges kann man die Gesetze der Thermodynamik an Phasengrenzflächen heranziehen. Bei der Kugelgestalt ist ein Minimum an Oberfläche im Vergleich zur Masse mit einem Minimum an partieller freier Energie verbunden. Das chemische Potential (= die partielle freie Energie) ist in kleinen Flüssigkeitskugeln (und als mehr oder weniger flüssig müssen die Entmischungskugeln bei so leichter Verschmelzbarkeit aufgefaßt werden) größer als in großen Tropfen. Beide sind demnach nicht nebeneinander im Gleichgewicht, sondern die Energie ist sozusagen bestrebt, sich über das ganze System gleich zu verteilen, was dann dazu führt, daß die kleinere Kugel von der größeren in der geschilderten Weise aufgesogen wird.

15.30 h befinden sich in der beobachteten Zelle zwei mittelgroße Kugeln und sieben kleine, daneben noch eine Anzahl winzigster, kaum sichtbarer Kügelchen.

15.35 h sind neben den beiden großen Kugeln noch vier kleine vorhanden, die anderen drei sind bereits mit den großen Kugeln verschmolzen.

15.37 h sind nur noch drei der kleinen Kugeln übrig. Die Diffusfärbung verliert während des ganzen Vorganges laufend an Intensität. Die Zahl der winzigen Kügelchen, die wegen der sehr raschen BMB und ihrer außerordentlich geringen Dimension nicht ermittelt werden konnte, nimmt ebenfalls ab, dafür nehmen die Kügelchen an Größe zu.

16.00 h ist neben zwei recht großen Kugeln nur noch eine kleine übrig geblieben. Auf diesem Stand der Farbstoff-Inhaltsstoffverteilung in der

Vakuole hielt sich die Zelle bis 16.30 h. Dann wurde die Beobachtung abgebrochen. Sie deckt sich gut mit den Angaben WEBERS (1930), der ja die Entstehung der Entmischungskugeln, wie schon gesagt, auf das Zusammenfließen kleiner Tröpfchen zurückführte.

2. Bildung von dendritenartigen Entmischungen:

Zur Untersuchung diente ein Schnitt der Blattoberseite von *Atropa belladonna*, der mit Rhodamin B 1:5000 behandelt wurde.

13.24 h Schnitt eingelegt.

13.25 h also auch hier schon nach einer Minute, tritt die erste schwache Diffusfärbung auf.

13.26 h sind in einer Schließzelle die ersten winzigen Kügelchen zu beobachten, die in gewohnter Weise BMB zeigen.

13.25 h sind in einer ganzen Anzahl von Zellen die Kügelchen schon etwas größer geworden und zu Aggregaten von zirka 20 Stück verklebt. Die Tröpfchen kleben aneinander, ohne zu verschmelzen, man kann ihre ursprüngliche Form genau erkennen.

Bei weiterer Beobachtung konnte eine Vergrößerung der Dendriten nicht konstatiert werden. Vielmehr begann die Färbung der Zellen nach einer Stunde wieder zu verblassen.

Es erhebt sich nun die Frage, weshalb die als erstes Entmischungsergebnis auftretenden winzigen Tröpfchen einmal zu einer Kugel zusammenfließen und sich ein anderes Mal zu Dendriten aneinanderheften? Vielleicht liegt dies daran, daß die Kügelchen einmal leichter flüssig und einmal mehr zähflüssig sind! Dafür spricht die Ausbildung der schon erwähnten Verschmelzungsprodukte. Dann müßte man wohl die Viskosität der Entmischungstropfen für die Ausprägung der endgültigen Gestalt der Entmischung verantwortlich machen.

Die angewandten Reagentien

Bevor auf die eigentliche Gegenüberstellung des Färbebildes und der auf Grund mikro- oder besser histochemischer Versuche als Inhaltsstoffe wahrscheinlich gemachten aromatischen Verbindungen eingegangen werden kann, müssen die verwendeten Reagentien noch näher besprochen werden.

Im Verlauf der Untersuchungen wurden die Schnitte der Versuchspflanzen neun verschiedenen Reagentien ausgesetzt. In welcher Weise diese Behandlung geschah, wurde schon im einleitenden Kapitel über die Methodik ausgeführt. Nicht alle neun Reagentien ergeben gleich gut deutbare Reaktionen, es sind daher auch nicht alle gleich wichtig, eine Eigenschaft aber haben alle gemeinsam: Sie sind nicht für einen bestimmten sekundären Pflanzenstoff spezifisch, sondern eigentlich nur Gruppenreagentien.

Ihre Reaktion deutet demnach nicht auf das Vorhandensein einer Verbindung, sondern vielmehr nur auf die Anwesenheit einer gewissen funktionellen Gruppe hin. Diese Tatsache erschwert das histochemische Arbeiten natürlich sehr, aber es ist eben leider nicht möglich, spezifische makrochemische Reaktionen ohne weiteres in die Histochemie zu übernehmen.

Schon in der Einleitung wurde erwähnt, daß hauptsächlich Gerbstoffe und Flavone als Erreger der negativ metachromatischen Färbung und somit des „vollen" Charakters der Zellsäfte in Frage kommen (Pfeffer 1886, Härtel 1951, Kasy 1951, Kinzel 1958). Nach dieser Erkenntnis wurden bei den vorliegenden Untersuchungen die verschiedenen Reagentien ausgewählt. Beide, Flavone und Gerbstoffe sind durch den Besitz von phenolischen Hydroxylgruppen ausgezeichnet, die in gesetzmäßiger Weise am jeweiligen Grundskelett angeordnet sind.

Die Gerbstoffe wurden definiert als Pflanzenstoffe, die die Eigenschaft haben, tierische Haut zu gerben, d. h. in Leder überzuführen. Diese Fähigkeit ist vielen Verbindungen eigen, die keine konstitutionelle Verwandtschaft aufweisen, und daher umfaßt der Begriff der „Gerbstoffe" naturgemäß auch heute noch eine Gruppe von Stoffen, deren genaue chemische Konstitution und biogenetische Entstehung vielfach noch nicht ermittelt sind. Mayer (1958) teilt die Gerbstoffe nach ihrer Reaktion mit Säuren ein in:

A. Hydrolysierbare Gerbstoffe und B. Kondensierte Gerbstoffe.

Diese Einteilung findet sich auch bei Schmidt (1955), der sich darin Freudenberg (1932) anschließt. Die hydrolysierbaren Gerbstoffe, die sich leicht in ihre Bausteine zerlegen lassen, werden weiter unterteilt in die Gruppe der Gallotannine und die Gruppe der Ellagengerbstoffe. Die Gallotannine sind als Ester der Gallussäure, der Digallussäure und einiger anderer ähnlicher Phenolcarbonsäuren mit verschiedenen Zuckern, vor allem Glucose aufzufassen. Die Zucker treten hier als mehrwertige Alkohole auf. Die Ellagengerbstoffe hingegen stellen hydrolysierbare Glukoside der Ellagsäure dar. Als Beispiel für den prinzipiellen Aufbau eines Gallotannins ist das chinesische Gallotannin geeignet. Es hat die Zusammensetzung einer Pentadigalloylglukose (Schmidt 1955).

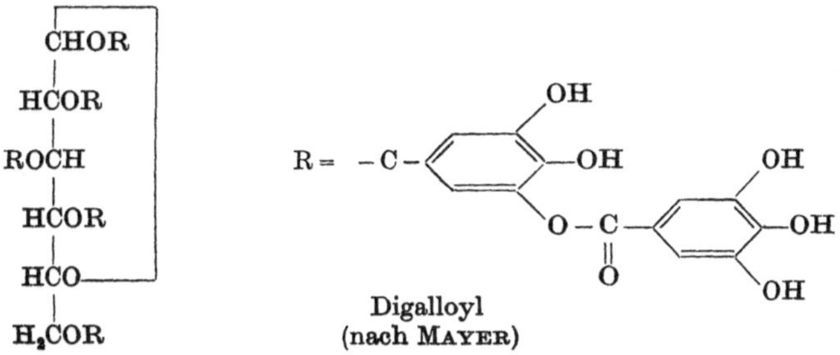

CHOR
HCOR
ROCH
HCOR
HCO
H_2COR

R = –C–(OH, OH)–O–C(=O)–(OH, OH, OH)

Digalloyl
(nach Mayer)

Ein Vertreter der glukosidischen Gerbstoffe ist das Corilagin:

Corilagin

Diesen leicht spaltbaren Gerbstoffen stehen die kondensierten gegenüber, die wohl hauptsächlich der Catechingruppe angehören. Man nimmt an (FREUDENBERG 1932, SCHMIDT 1955, MAYER 1958), daß sie durch Dehydrierung und Kondensation aus dem Catechin oder Gallocatechin oder ähnlichen Grundkörpern entstehen.

Gallocatechin

Catechin

Weitere Kondensation der Catechingerbstoffe führt zu den intensiv gefärbten Phlobaphenen. Die Tatsache, daß die Catechine Phenolderivate des Flavans sind, stellt sie in die unmittelbare Nachbarschaft der Flavone und Anthocyane, denn auch diese bauen sich auf dem Flavanskelett auf:

Flavan

Dieses Flavanskelett leitet sich vom Benzopyron, dem Chromon, ab.

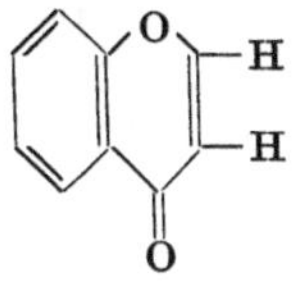

Chromon

Bei Ersatz des H-Atoms in 2, Stellung durch einen Benzolring entsteht Flavon, die Muttersubstanz aller Flavone und Flavonole (3-Oxyflavone), während ein Benzolring in 3, Stellung zu den Isoflavonen führt. Flavanone endlich, zu denen das Hesperidin gehört, sind als in 2, und 3, Stellung hydrierte Flavone aufzufassen. Alle diese Stoffe kommen in den Pflanzen meist als Glykoside vor, doch sind auch die Aglykone anzutreffen.

Die Reagentien:

1. Ammoniak: Er gibt mit allen Polyphenolen, die zu den Flavonen, Flavanonen und Xanthonen gehören, eine Gelbfärbung (GEISSMAN 1955). Xanthone kommen aber in Pflanzen nur äußerst selten vor. Die Ammoniakreaktion als Hinweis auf den Flavongehalt eines Gewebes wurde schon frühzeitig angegeben (vgl. MOLISCH 1913). Auch SHIBATA (1916) benutzte Ammoniak zum Nachweis von Flavonen. G. KLEIN (1922) dagegen wandte zur histochemischen Identifizierung Halogensäuredämpfe an und erhielt so die Flavone kristallin.

Man setzt die zu prüfenden Schnitte den Ammoniakdämpfen am besten so aus, daß man sie in einem Tropfen Wasser auf den Objektträger bringt und diesen über den Hals einer Flasche mit konzentriertem Ammoniak legt.

Nach AF KLERCKER (1888) reagiert Ammoniak aber wie die Alkalien auch mit Gerbstoffen unter Bildung eines feinkörnigen Niederschlages, der sich später zusammenballen kann.

2. Bariumhydroxyd: Es ist nach ROSENTHALER (1937) ein Reagens auf Kaffeesäure und bildet in Zellsäften, die Kaffeesäure enthalten, sofort einen grünen Niederschlag, so z. B. bei Clematis vitalba. Aber auch Flavone reagieren mit $Ba(OH)_2$. Sie werden nach TUNMANN und ROSENTHALER (1931) dunkelgelb bis bräunlich. Dieses Reagens wurde in gesättigter, wäßriger Lösung angewandt.

3. Eisenchlorid: Eisenverbindungen sind seit jeher am meisten zum Nachweis von Gerbstoffen benutzt worden. Man hat sogar die Gerbstoffe nach der Färbung ihrer Reaktionsprodukte in eisenbläuende und eisengrünende eingeteilt. Blaue Eisenfärbungen entstehen aber außer mit den Pyrogallolderivaten auch noch mit

anderen Phenolabkömmlingen, so z. B. mit Vanillin, Morphin usw. Die Eigenschaft, mit Eisen(III)-salzlösungen grüne Verbindungen zu liefern, ist den Catechingerbstoffen eigen. Trotzdem ist diese Einteilung nicht sehr glücklich getroffen, das zeigt der Umstand, daß gleichzeitig in den betreffenden Zellsäften anwesende organische Säuren wie etwa Zitronensäure die Färbung sehr verändern, selbst blaue Farbe in Grün umwandeln können. Außerdem erhält man grüne bis grünschwarze Eisenfärbungen auch mit Flavonen, die mehrere Hydroxylgruppen besitzen.

Für die Ausführung der Reaktionen wurde eine 10%ige $FeCl_3$-Lösung verwendet. Die Schnitte kamen in einen Tropfen der Lösung und wurden unbedeckt eine bis mehrere Stunden liegen gelassen. Die Eisen(III)-chloridlösung darf nicht in zu großem Überschuß zugesetzt werden, da sich sonst die amorphen Eisensalze besonders der „eisengrünenden" Gerbstoffe leicht lösen. Mit einer Lösung von wasserfreiem Eisen(III)-chlorid in wasserfreiem Äther zu arbeiten, wie sie Möller (1888) empfahl, verbot die große Anzahl der untersuchten Objekte und der Umstand, daß eine solche Lösung nur einmal zu verwenden und daher bei jedem Versuch neu anzusetzen ist.

Zu erwähnen ist noch, daß auch Chlorogensäure eine grüne Eisenreaktion zeigt, die aber auf Zusatz von $NaHCO_3$ in blau umschlägt (Freudenberg 1920).

4. Ammonmolybdat: Es wurde von Gardiner (1884) eingeführt und gibt in gerbstoffhaltigen Zellen gelbe Niederschläge. Diese Niederschläge lösen sich in Wasser und verdünnten Säuren leicht. Van Wisselingh (1915) modifiziert den Nachweis dahingehend, daß er als Reagens nicht eine reine Ammonmolybdatlösung, sondern ein Gemisch aus 25%iger Ammonmolybdatlösung, 5%iger Ammonchloridlösung und dest. Wasser zu gleichen Teilen gebraucht. In den vorliegenden Versuchen wurden die Lösungen gesondert aufbewahrt und erst auf dem Objektträger gemischt. Die durch das Eintragen der Schnitte entstehende Bewegung in dem Flüssigkeitstropfen erwies sich als ausreichend für die Vermischung. Der Nachteil dieses Reagens' ist aber die gute Löslichkeit der Niederschläge in Wasser und Säuren. Deshalb schlug Braemer (1889) das Natriumwolframat vor (Abb. 2).

5. Natriumwolframat: Es wird mit Natriumazetat versetzt angewandt und zwar gibt man auf 10 ccm Wasser 1 g Natriumwolframat und 2 g Natriumazetat. Dieses Reagens schlägt Gallussäure aus saurer oder ammoniakalischer Lösung braun nieder, Gallussäurederivate dagegen strohgelb. Beide Reagentien, Natriumwolframat und Ammonmolybdat haben den Nachteil, daß sie

auch mit Stoffen, die sich auf Grund der anderen Gerbstoffreaktionen nicht eindeutig den Gerbstoffen zuordnen lassen, sondern sich eher unter die Flavonderivate einzureihen scheinen, oft recht intensive Gelbfärbung zeigen.

6. p-Dimethylaminobenzaldehyd als Reagens auf Catechingerbstoffe wurde 1917 von JOACHIMOWITZ angegeben und seither immer wieder mit Erfolg benutzt (vgl. MOLISCH 1923, S. 147, HÄRTEL 1951). Bereitet wird das Reagens durch Versetzen einer Lösung von 0,5 g p-Dimethylaminobenzaldehyd in 8,5 g Schwefelsäure mit 8,5 g Wasser. Eine Rot- bis Rotviolettfärbung entsteht sofort mit Catechin, Phloroglucin und den meisten seiner Derivate. Sehr oft bildet sich auch ein roter Niederschlag.

7. Koffein: Diese Purinbase zeichnet sich ebenso durch ihre außerordentlich hohe Permeationsgeschwindigkeit wie auch die Unschädlichkeit für das Plasma aus. Mit allen bisher erwähnten Reagentien werden die Zellen geschädigt, meist sogar getötet. Koffein jedoch erlaubt den Nachweis von Gerbstoffen in Zellen, die ihre Lebenstätigkeit unverändert beibehalten. Diese „Lebendfällung", die auch andere Alkaloide ergeben, ist schon von LOEW und BOKORNY (1888) studiert worden. OVERTON arbeitete 1899 mit 0,25—0,5%igen Koffeinlösungen und VAN WISSELINGH (1910) machte zum Nachweis von Gerbstoffen in Algen Gebrauch von 1%igen Lösungen. Die vorliegenden Untersuchungen wurden mit dieser Konzentration vorgenommen.

8. Vanillin — Salzsäure: Sie wurde von LINDT (1885) als Reagens auf Phloroglucin eingeführt. Er empfahl eine Mischung von 0,005 g Vanillin, 0,5 g Alkohol, 0,5 g Wasser und 3 g konzentrierte Salzsäure. WAAGE zeigte 1890, daß außer Phloroglucin und Orcin auch Resorcin und Pyrogallol unter hell- bis violettroter Färbung reagieren. ROSENTHALER (1905) gelangte auf Grund seiner Versuche an ätherischen Ölen zu der Überzeugung, daß die Vanillin-Salzsäurereaktion ganz allgemein den Phenolen und Ketonen zuzuschreiben sei. Trotzdem ist das Reagens auf Catechingerbstoffe eine gute histochemische Probe, da nach HARTWICH und WINCKEL (1904) die nicht glykosidischen Tannoide keine Reaktion geben, während mit sämtlichen Phloroglykotannoiden (Catechingerbstoffen) eine Reaktion eintritt.

9. Vanillin — Schwefelsäure: ARNOULD und GORIS haben 1909 ihre Einwirkung auf die verschiedensten Substanzen geprüft und sind zu dem Ergebnis gekommen, daß eine Lösung von 0,25 g Vanillin auf je zwei Teile Wasser und konzentrierte Schwefelsäure bei Rotfärbung Phenole anzeigt, (vor allem auch wieder die Catechingerbstoffe), indes eine gelbe Färbung auf stickstoffhaltige

Körper (speziell auf die NH_2-Gruppe) hinweisen soll. Violette Färbung schließlich käme nach ihren Angaben den zusammengesetzten Terpenen zu.

Bei den im nachfolgenden Kapitel beschriebenen Versuchen trat oft der Fall ein, daß mit Vanillin-Schwefelsäure sowie mit der stark schwefelsauren Lösung des p-Dimethylaminobenzaldehyd eine intensive Gelbfärbung zu beobachten war. Diese Erscheinung ist wohl darauf zurückzuführen, daß konzentrierte Schwefelsäure manche Flavone und Flavonderivate sowie Flavonole mit gelber Farbe löst, so z. B. das Quercetin und hesperidinartige Glykoside. In dieser gelben Lösung sind die erwähnten Verbindungen vielleicht in Form ihrer Oxoniumsalze enthalten.

Aus dem eben Ausgeführten geht klar hervor, daß man einen Inhaltsstoff mit einiger Sicherheit erst dann als Gerbstoff oder Flavon ansprechen kann, wenn mehrere Reaktionen darauf hindeuten.

Versuchsergebnisse

Die Hauptaufgabe der vorliegenden Arbeit war es, möglichst viele volle Zellsäfte einerseits mit Hilfe von mikrochemischen Reaktionen auf ihre Inhaltsstoffe zu prüfen, andrerseits mit verschiedenen basischen Farbstoffen vital zu färben und durch Vergleich der Ergebnisse den Einfluß der jeweiligen Inhaltsstoffe auf das Vitalfärbebild zu studieren. Um die Vielzahl der untersuchten Pflanzen überblicken zu können, erwies sich eine Einordnung in verschiedenen Gruppen als zweckmäßig. Als übergeordnetes Ordnungsprinzip bot sich die Einteilung in gerbstoffführende und gerbstofffreie Objekte. Als untergeordnete Kategorien waren die einzelnen morphologischen Typen der Vitalfärbung gut zu verwenden. Dabei erwies es sich oft als störend, daß an ein- und demselben Objekt mehrere Färbungstypen nebeneinander vorkommen können. Deshalb wurde als Kriterium für die Zugehörigkeit zu der einen oder anderen Gruppe eben das am häufigsten aufscheinende Vitalfärbungsbild gewählt. Die so vorgenommene Einteilung ergibt auch gewisse Parallelitäten zwischen Färbungstyp und Art des Inhaltsstoffes, die sich bei Objekten, die außer der Färbung keinen anderen Einflüssen ausgesetzt waren, mehr oder weniger deutlich abzeichneten. Zum besseren Verständnis sollen hier schon einige Versuchsergebnisse, die zu Aufdeckung dieser Parallelitäten führten, kurz angedeutet werden.

Zunächst muß vorausgeschickt werden, daß eigentlich alle Epidermen wechselnde Mengen Flavone und Flavonderivate enthalten. In sehr vielen Fällen meiner Versuche zeigte sich, daß ein histochemisch nachgewiesener Flavongehalt der Zellen konform ging mit einer kugeligen Entmischung nach Vitalfärbung. Zellen, die Gerbstoffe enthielten, neigten hingegen mehr zur Ausbildung von Dendriten oder Krümelfällungen, welche manchmal sehr dicht waren.

Neben den Pflanzen mit kugeliger oder dendritenartiger gab es Fälle kristalliner Entmischung, und schließlich wurden noch zwei Gruppen abgetrennt, die sich nur diffus färbten und von denen die eine gerbstoffhaltig, die andere flavonhaltig war. Alle Objekte, die sich nicht in diese Unterteilungen einordnen ließen, weil ihr Färbebild uneinheitlich war, wurden in einer letzten Gruppe zusammengefaßt. Es darf nicht verwundern, daß gerade in dieser letzten Gruppe eine große Mannigfaltigkeit an Färbungserscheinungen zu finden ist. Es gibt da Objekte, die fast mit jedem Farbstoff einen anderen Entmischungstyp bemerken lassen.

Im folgenden sollen nun die einzelnen Gruppen besprochen werden. Es wird dazu das Versuchsprotokoll eines für die betreffende Gruppe besonders charakteristischen Objektes angegeben. Eine Tabelle soll dann den Überblick über die anderen gleichsinnig reagierenden Pflanzen vermitteln.

1. Gerbstofffreie Pflanzen

a) Kugelige Entmischung:

Ailanthus glandulosa scheint als Beispiel sehr gut geeignet. Die Epidermiszellen der Blattoberseite zeigten folgende Reaktionen:

Mit Vanillin-Schwefelsäure ist eine sofortige Gelbfärbung zu beobachten. Vanillin-Salzsäure zeigt nur eine ganz schwache Gelbfärbung. Die Einwirkung von Coffein hat keinen sichtbaren Erfolg. p-Dimethylaminobenzaldehyd liefert eine kräftige Gelbfärbung. Bringt man einen Schnitt in einen hängenden Wassertropfen über den Hals einer Ammoniakflasche, so erhält man ebenfalls eine recht kräftige Gelbfärbung.

Mit Bariumhydroxyd entsteht nach wenigen Minuten ein feinkörniger, dunkelolivgrüner Niederschlag.

Natriumwolframat färbt manche Epidermiszellen schön gelb. Ebenso reagieren eine Anzahl Zellen mit Ammonmolybdat. Mit Eisenchloridlösung ist die Färbung der Epidermiszellen nach einiger Zeit, in der das Präparat dem Luftsauerstoff ausgesetzt war, dunkelgrün. Überträgt man den Schnitt in 10%ige Natriumbikarbonatlösung, so schlägt die Färbung nach schwarzbraun um.

Der Verlauf dieser Reaktionen schließt einen Gerbstoffgehalt einwandfrei aus und weist auf einen Gehalt an Flavonoiden hin.

Färbungen:

Färbt man einen Schnitt der Blattoberseite zwei Stunden in einer Neutralrotlösung 1:10.000 in Leitungswasser, so kann man eine intensive Diffusfärbung und daneben noch sehr große Entmischungskugeln in den Zellen beobachten.

Mit Brillantcresylblau p_H 8,3 bietet sich im wesentlichen das gleiche Bild bei gleicher Färbedauer. Neben einer starken Diffusfärbung sind ansehnliche Kugeln aufgetreten.

Auch mit Toluidinblau p_H 11,2 bilden sich am Rand sehr große, allerdings etwas degeneriert und trüb aussehende Kugeln aus. In diesen ganz randnahen Zellen, die offenbar schon geschädigt sind, fehlt die im Schnittinnern neben der kugeligen Entmischung noch vorhandene Diffusfärbung.

Mit Rhodamin B in dest. Wasser ist die Diffusfärbung nach einer Stunde Färbedauer nicht sehr ausgeprägt, aber in jeder Zelle sind viele kleine Kugeln ausgefallen, die oft auf einem Haufen, manchmal aber auch in einer kettenförmigen Reihe, jedoch unverschmolzen, nebeneinander liegen.

Nach eineinhalbstündiger Färbung mit Acridinorange p_H 11,2 fluoreszieren die Zellen der Schnittmitte diffus gelbgrün. Die Randzellen leuchten mehr olivfarben und enthalten große rote Entmischungstropfen.

Ailanthus glandulosa stellt ein besonders schönes und eindeutiges Beispiel für die kugelige Entmischungsform der Vitalfärbung und die gleichzeitige Anwesenheit von Flavonen dar. In der Tabelle scheinen indes auch gelegentlich Objekte auf, die mit dem einen oder anderen Farbstoff keine Kugeln, sondern Verschmelzungsprodukte ausbilden. In Kapitel 2 wurde jedoch darauf hingedeutet, daß man Verschmelzungsprodukte wohl als unmittelbare Vorstufen der Entmischungskugeln anzusehen hat. Aus diesem Grund wurden diese Objekte ebenfalls hier mit aufgenommen.

Bei Betrachtung der Tabelle 1, S. 288, zeigt es sich, daß bei negativer Koffeinreaktion immer auch die Reaktion mit Vanillin-Schwefelsäure, mit Vanillin-Salzsäure und mit p-Dimethylaminobenzaldehyd ohne Anzeichen eines Gerbstoffgehaltes in den betreffenden Zellsäften verlaufen. Die Reaktionen mit Ammonmolybdat und Natriumwolframat gehen zwar sehr häufig unter Gelbfärbung vor sich, zuweilen entsteht auch ein Niederschlag aus kleinen gelben Kugeln und Tropfen, nirgends aber treten die charakteristischen kaffeebraunen körnigen Niederschläge auf, die auf Gerbstoffe hindeuten würden.

Weiter ist bemerkenswert, daß in vielen Fällen eine gewisse Parallelität auffällt zwischen dem Verhalten der Zellen zu konzentrierten Säuren, wie sie in der Vanillin-Salzsäure, der Vanillin-Schwefelsäure und dem p-Dimethylaminobenzaldehydreagens enthalten sind, und dem Farbton der Eisen(III)-verbindungen. Sehr häufig ergibt ein Objekt gerade dann eine recht dunkelgrüne bis oft schwarzgrüne Eisenfärbung, wenn sich mit den Säuren eine Gelbfärbung einstellt, die dann aus den Zellen austritt und sich über das ganze Präparat in Form einer gelben Wolke ausbreitet. Es wurde im letzten Kapitel schon darauf hingewiesen, daß sich hesperidinartige Glykoside in konzentrierter Schwefelsäure unter Gelbfärbung lösen. Doch sollen nach ROSOLL (1884) auch Saponine und deren Aglykone, die Sapogenine, konz. H_2SO_4 zunächst gelb färben. Die Versuchspflanzen, bei denen auf eine Gelbfärbung mit Schwefelsäure eine schmutziggrüne oder braungrüne Eisenfärbung kommt, sind in der Minderzahl.

Aus der Tabelle geht auch hervor, daß zwei verschiedene Arten der gleichen Gattung oft den gleichen Inhaltsstoff haben. *Campanula patula* und *Campanula persicifolia* reagieren histochemisch genau gleich, selbst in der nicht häufigen Eigenheit, mit Ammonmolybdat und Natriumwolframat keine Gelbfärbung zu liefern. Auch *Lathyrus latifolius* und *Lathyrus tuberosus* zeigen Übereinstimmung in ihrem histochemischen Verhalten und dürften demnach den gleichen Inhaltsstoff besitzen. Für die Campanulaceae und viele Papilionaceae nimmt man nach den Angaben von HADDERS und WEHMER (1932) ebenso wie für *Galium mollugo* Hesperidin = 5,7,3′-Trioxy-4′methoxyflavanonglykosid als Vakuoleninhaltsstoffe an.

Nicht immer sind die Färbungen der Eisenverbindungen grün oder dunkelgrün bis schwarzgrün, manchmal sind sie auch braun oder braungrün, wie etwa bei *Apium graveolens*, *Cirsium rivulare* und *Plantago media*. Nach KRAUSS (1885) würde eine solche Färbung auf einen Gehalt an Saponarin hindeuten. Daneben enthält *Apium graveolens* noch das Apiin, ein 5,7,4′-Trioxyflavon-7-apioseglykosid und das Apigenin, ein 5,7,4′-Trioxyflavon.

Digitalis purpurea ist nach den Angaben von TUNMANN und ROSENTHALER (1931) saponinhaltig und erzeugt auch tatsächlich eine Gelbfärbung mit konz. Schwefelsäure. HADDERS und WEHMER (1932) vermerken, daß *Digitalis* neben dem 5,7,3′,4′-Tetraoxyflavon Luteolin die beiden Saponine Digitonin und Gitonin enthält. Ebenso wie *Digitalis* verhält sich auch *Polygala amara*, für die FISCHER (1928) ein Saponin als Inhaltsstoff angibt. Den Nachweis führte er durch die Hämolyse von Blutgelatine.

Tabelle 1: Objekte mit kugeliger Entmischung

Objekt (Blatt, Oberepidermis)	Färbungen						
	Neutralrot	Rhodamin B	Brillantcresylblau	Acridinorange	Toluidinblau	Koffein	Van-HCl
Allium Scorodoprasum	Df, o	K	Df, o	Df, o	Df, o	—	—
Anthyllis vulneraria	Df, o	Df, o	Df	Df, o	Df	—	—
Apium graveolens	Df, o	Df, o	Df, o	Df, o	Df, o	—	—
Asperula cynanchica	o	o, VP	Df	Df, o	Df, o	—	—
Buphthalmum salicifolium	Df, o	Df, o	Df, o	Df, o	Df, o	—	—
Bupleurum falcatum	Df, o	Df, o	Df, o	Df, VP	Df, o	—	—
Campanula patula	o	o	o	Df, o	o	—	—
Campanula persicifolia	Df, o	Df, K	Df, o	Df, o	Df, o	—	—
Centaurea Triumfetti	Df, o	Df, o	Df, o	Df, o	Df, o	—	—
Centaurea cyanus	Df, o	Df, o	Df, o	Df, o	Df, o	—	—
Centaurea scabiosa	Df, o	Df, VP	Df, o	Df, o	Df, o	—	—
Cirsium rivulare	Df, o	o	Df, o	Df, o	Df, o	—	—
Convallaria majalis	o	Df	Df	Df, VP	Df, o	—	—
Coronilla varia	Df	Df, o	Df, o	Df, o	Df, o	—	—
Cynanchum Vincetoxicum	Df, o	Df, o	Df, o	Df, o	Df, o	—	—
Cytisus ratisbonensis	Df, o	Df	Df, o	Df, o		—	gelb
Cytisus nigricans	Df, o	Df, K	Df	Df, VP	Df, o	—	—
Cytisus supinus	Df, o	Df, D	Df, o	Df, o	Df, o	—	—
Dianthus pond.	Df, o	Df	Df, o	Df, o		—	gelb
Digitalis purpurea	Df, o	Df, VP	Df, o	Df, o	Df, o	—	—
Epipactis latifolia	Df, o	Df, D	Df, o	Df, D	Df, o	—	—
Eryngium campestre	Df, o	VP	Df, o	Df, o	Df, o	—	—
Galium cruciatum	Df, o	Df, o	Df, o	Df, o	Df	—	—
Galium mollugo	Df, o	Df, K	Df, o	Df, o	Df, o	—	—
Genista tinctoria	Df, o	Df, o	Df, o	Df, o	Df	—	—
Gentiana austriaca	Df, o	Df, o	Df, o	Df, o	Df	—	—
Gentiana pneumonanthe	Df, o	Df, VP	Df, o	Df, o	Df, o	—	—
Gentiana Clusii	Df, o	Df, o	Df, o	Df, o	Df, o	—	—
Globularia Willkommii	Df	Df, o	Df	Df, o	Df	—	gelb
Impatiens parviflora	Df, o	D	Df, o	Df, o	Df, o	—	—
Iris pumila	Df	Df, o	Df	Df, o	Df	—	—
Iris Kaempheri	Df, o	Df, D	Df, o	Df, o	Df, o	—	—
Jurinea mollis	Df, o	Df, o	Df, o	Df, o	Df, o	—	—
Knautia arvensis	Df, o	Df, o	Df, o	Df, o	Df, o	—	gelb
Lathyrus tuberosus	Df, o	VP	Df, o	Df, o	Df, o	—	—
Lathyrus latifolius	Df, o	Df, VP	Df, o	Df, o	Df, o	—	—
Lathyrus pratensis	Df, o	Df, K	Df, o	Df, o	Df, o	—	—
Lathyrus vernus	Df, o	Df	Df, o	Df	Df, o	—	—
Linum flavum	Df, o	Df, VP	Df, o	Df, o	Df, o	—	—
Listera ovata	Df, o	Df, o	o	Df, o	Df, o	—	gelb
Medicago sativa	Df, o	Df, o	Df, o	Df, o	Df, o	—	gelb
Plantago media	Df, o	Df, VP	Df, o	Df, o	Df, o	—	—
Polygala chamaebuxus	Df, o	Df, o	Df, o	Df	Df	—	—
Polygala comosa	Df, o	Df, o	Df, o	Df, o	Df, o	—	—

Reaktionen						
Van-H_2SO_4	p-Dimethylaminobenzaldehyd	NH_3	$FeCl_3$	$Ba(OH)_2$	Ammonmolybdat	Natriumwolframat
—	—	+gelb	braungrün	N! oliv	—	—
gelb	gelb	+gelb	schwarzgrün	N! ocker	gelb	gelb
—	gelb	+gelb	schwarzbr.	N! grüngelb	—	gelb
gelb	gelb	+gelb	schw.grün	N! grüngelb	schw.gelb	gelb
gelb	gelb	++gelb	schwarzgrün	N! ocker	schw.gelb	schw.gelb
—	—	++gelb	grün	N! grüngelb	schw.gelb	schw.gelb
gelb	—	+N! gelb	braungrün	N! gelbgrün	—	—
—	—	+N! gelb	schwarzgrün	N! oliv	—	—
—	—	++gelb	grün		gelb	gelb
gelb	—	++gelb	braungrün		gelb	gelb
gelb	—	++gelb	schwarzgrün	N! grün	gelb	gelb
—	—	N! grün	braungrün, o	N! oliv	gelb	—?
—	—	+gelb	grün	N! grüngelb	gelb	—?
gelb	gelb	++gelb	schwarzgrün		gelb	gelb
—	—	+gelb	braungrün	N! oliv	gelb	gelb
		++gelb	schwarzgrün		gelb	gelb
—	—	++gelb	grün	N! ocker	gelb	gelb
gelb	gelb	+N! gelb	schwarzgrün	grüngelb	gelb	gelb
gelb	gelb	+gelb	grün		gelb	gelb
gelb	gelb	++gelb	schwarzgrün	gelbgrün	—	—
—	—	+gelb	grün	gelbgrün	gelb	gelb
gelb	gelb	+gelb	schwarzgrün	N! grüngelb	—	schw.gelb
gelb	—	+gelb	grün		gelb	schw.gelb
gelb	gelb	+gelb	schwarzgrün	N! oliv	gelb	gelb
gelb	—	++gelb	schwarzgrün	N! oliv	gelb	gelb
—	gelb	+N! gelb	schwarzgrün	N! grüngelb	+gelb	gelb
gelb	gelb	+gelb	schwarzgrün	N! oliv	+gelb	gelb
gelb	gelb	+gelb	schwarzgrün	N! oliv	+gelb	gelb
gelb	gelb	++gelb	schwarzgrün		+gelb	gelb
gelb	—	+gelb	grün	N! grüngelb	gelb	schw.gelb
gelb	gelb	+gelb	schwarzgrün		gelb	gelb
—		++gelb	schwarzbr.		gelb	gelb, N!
gelb	gelb	++gelb	schwarzgrün		gelb	gelb
gelb	gelb	++gelb	braungrün	N! oliv	gelb	gelb
gelb	gelb	++gelb	schwarzgrün	N! ocker	gelb, N!	gelb, N!
—	—	+gelb, N!	grün	N! ocker	gelb	gelb, N!
—	—	+gelb, N!	schwarzgrün	N! oliv	gelb	gelb, N!
—	—	+gelb	braungrün	N! grüngelb	—	—
gelb	gelb	++gelb	schwarzgrün	N! oliv	gelb	gelb
—	gelb	++gelb	schwarzgrün	N! grüngelb	—	—
gelb	gelb	+gelb, N!	braungrün	N! oliv	—?	schw.gelb
—	—	+gelb	braun, o	N! grüngelb	schw.gelb	schw.gelb
—	—	+gelb	schwarzgrün	N! gelbgrün	+gelb	gelb
gelb	gelb	+gelb	schwarzgrün		gelb, o	gelb, o

Fortsetzung von Tabelle 1, Seite 288

Objekt (Blatt, Oberepidermis)	Färbungen						
	Natural-rot	Rhod-amin B	Bril-lant-cresyl-blau	Acri-din-orange	Tolu-idinblau	Kof-fein	Van-HCl
Polygala amara	Df, o	Df, o	Df	Df, o	Df	—	—
Potentilla erecta	Df, o	K	Df, o	Df, o	Df, o	—	—
Rumex acetosa	Df, o	o	Df, o	Df, o	Df, o	—	—
Scorzonera austriaca	Df, o	o	Df	Df, o	Df, o	—	—
Silene nutans	Df, o	o, VP	Df, o	Df, o	Df, o	—	gelb
Solanum dulcamara	Df, o	Df, D	Df, o	Df, o	Df, o	—	—
Sorbus aria	Df, o	Df	Df, o	Df	Df, o	—	gelb
Teucrium chamaedrys	Df	Df, o	Df	Df, o	Df, o	—	gelb
Tragopogon orientalis	Df, o	Df, VP	Df, o	Df, o	Df, o	—	gelb
Trifolium pratense	Df, o	Df, o	Df, o	Df, o	Df, o	—	—
Trifolium montanum	Df, o	Df, o	Df, o	Df, o	Df, o	—	—
Trifolium fragiferum	Df, o	Df, o	Df, o	Df, o	Df, o	—	—
Vaccinium Myrtillus	Df, o	Df, o	Df, o	Df	Df, o	—	—
Veratrum album	o	Df, o	Df, o	Df, o	Df, o	—	—
Verbascum austriacum	Df, o	Df, o	Df, o	Df, o	Df, o	—	gelb
Veronica officinalis	Df, o	Df, o	Df, o	Df, o		—	—
Veronica Teucrium	Df, o	Df, o	Df, o	Df, o	Df, o	—	—
Vicia pisiformis	Df, o	Df, o	Df, o	Df		—	gelb
Vicia sepium	Df, o	Df, VP	Df, o	Df, o	Df, o	—	—
Zea Mays	Df, o	K	Df, o	Df, o	Df, o	—	gelb

Erklärungen zu den Tabellen:

o = Entmischungskugeln
D = Dendriten
VP = Verschmelzungsprodukte
K = Krümelfällung
Kn = Körnchenfällung
Kr = Kristalle

Noch eine ganze Anzahl der Angaben von HADDERS und WEHMER (1932) decken sich mit den hier besprochenen Versuchen. Von den Flavonen kommt das Luteolin nicht nur in *Digitalis purpurea*, sondern auch in *Genista tinctoria* vor. Als Vertreter der Flavonole (3-Oxyflavone) findet sich das Isoquercitrin, ein 3,5,7,3′,4′-Pentaoxyflavon-3-glykosid zusammen mit Quercetin, dem 3,5,7,3′,4′-Pentaoxyflavon in *Zea Mays*. Das letztere ist auch in *Caltha palustris* und *Ailanthus glandulosa*, der daneben auch noch unbekannte Flavone beinhaltet, nachzuweisen. Weitere Flavone unbekannter Art werden auch in *Trifolium montanum*, *Anagallis arvensis*, *Gentiana austriaca*, *Galium cruciatum* und *Cynanchum Vince-*

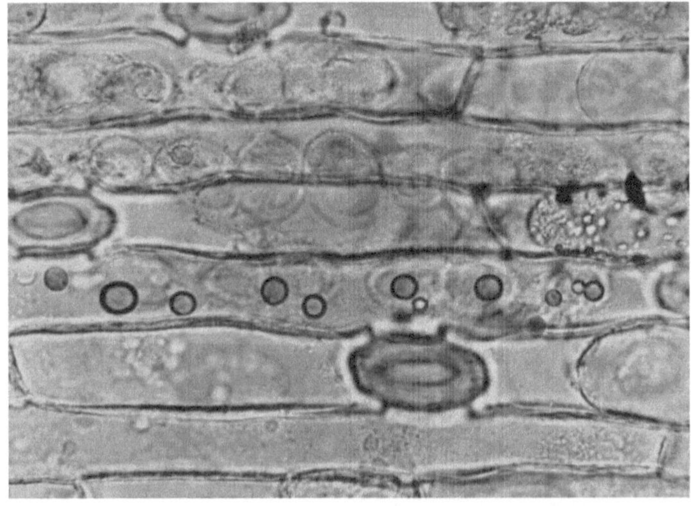

Abb. 2. *Colchicum autumnale:* Blatt, Oberseite, behandelt mit Ammonmolybdat. Es entstehen kugelige Gebilde!

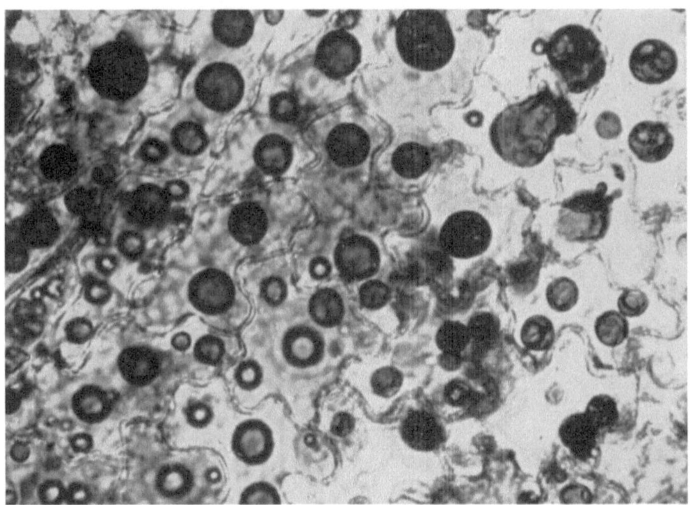

Abb. 3. *Galium cruciatum:* Blatt, Oberseite. Kugelige Entmischung nach Färbung mit Rhodamin B 1:5000.

Reaktionen						
Van-H_2SO_4	p-Dimethylaminobenzaldehyd	NH_3	$FeCl_3$	$Ba(OH)_2$	Ammonmolybdat	Natriumwolframat
gelb	gelb	+gelb	grün		—?	schw.gelb
—	—	+gelb, N!	grün	graugrün	—	gelb
gelb	gelb	N!	schwarzgrün		schw.gelb	schw.gelb
gelb	gelb	+gelb	grün	N! oliv	—	—
gelb	gelb	++gelb	braungrün	gelbgrün	gelb	gelb
—	—	+gelb	schwarzgrün	N! gelbgrün	gelb	—
gelb	—	++gelb	schwarzgrün	N! gelbgrün		gelb
gelb	gelb	+gelb	grün	N! oliv	gelb	gelb
gelb	gelb	+gelb	schwarzgrün	N! oliv	schw.gelb	schw.gelb
gelb	gelb	N! ocker	schwarzgrün	N! oliv	+gelb	gelb
gelb	gelb	+gelb	schwarzgrün	grüngelb	schw.gelb	schw.gelb
gelb		+gelb	schwarzgrün	grüngelb	schw.gelb	schw.gelb
gelb	gelb	ocker	schwarzgrün	N! oliv	+gelb	gelb, N!
—	—	+gelb	grün, o	N! grüngelb	—	—
gelb	gelb	++gelb	schwarzgrün	N! ocker	+gelb	gelb
gelb		++gelb	schwarzgrün		+gelb	N! gelb
gelb	—	++gelb	schwarzgrün	N! grüngelb	gelb	schw.gelb
gelb	gelb	+gelb	schwarzgrün		gelb	gelb
—	—	+gelb	grün		gelb	gelb
gelb	gelb	N! oliv	schwarzgrün	N! oliv	gelb, N!	gelb, N!

Sp = Sphärite
Df = Diffusfärbung
N! = Niederschlag
\+ gelb = hellgelb
++ gelb = kräftig gelb
schw. gelb = schwach gelb

toxycum vermutet. Alle diese Objekte scheinen in der Tabelle auf, und zwar als unbedingt flavonhaltig nach den im Rahmen dieser Arbeit vorgenommenen mikrochemischen Reaktionen.

b) Kristalline Entmischung:

Obwohl die Vertreter dieses Typs der Farbstoffspeicherung nicht allzu häufig sind, sollen hier doch zwei davon ihren Färbungen und Reaktionen nach beschrieben werden. Die kristalline Entmischung kann nämlich auf zweierlei Weise erfolgen. Entweder scheiden sich in einer diffus gefärbten Vakuole einzelne Kristallnadeln aus, die sich dann zu größeren Büscheln vereinigen, oder es fallen Entmischungskugeln aus, die sich im Laufe der Zeit zu

Sphäriten umwandeln. Diese beiden Arten der kristallinen Entmischung können sich nur mit einem Farbstoff (Mehrzahl der Fälle) oder mit mehreren einstellen.

1. *Polygonatum officinale:*

Es gehört zu den Versuchspflanzen, die oft recht umfangreiche Büschel von Kristallen ausbilden und zeigt folgende Reaktionen in den Epidermiszellen der Blattoberseite:

Vanillin-Schwefelsäure ruft eine sich bald über das ganze Präparat hinziehende Gelbfärbung hervor.

Vanillin-Salzsäure zeigt keine erkennbare Reaktion.

Auch die Koffeinreaktion verläuft ergebnislos.

Mit p-Dimethylaminobenzaldehyd entsteht das gleiche Bild wie mit Vanillin-Schwefelsäure, über den ganzen Schnitt breitet sich eine gelbe Wolke aus, die offensichtlich aus irgendwelchen, in Schwefelsäure mit gelber Farbe löslichen Stoffen besteht.

Die Dämpfe des konz. Ammoniak rufen in den Zellen der Epidermis eine zitronengelbe Färbung hervor, die allerdings nicht sehr intensiv, aber doch deutlich wahrnehmbar ist.
Eisen(III)-chlorid liefert eine braune bis braungrüne Färbung der durch die Einwirkung der Lösung merkwürdig verformten und geschrumpften Vakuolen.

Mit Ammonmolybdat und Ammonchlorid ist hingegen keine eindeutige Reaktion zu erhalten.

Ebensowenig eindeutig verläuft die Behandlung mit Natriumwolframat. Nur einige wenige Zellen sind ganz schwach gelb gefärbt.

Färbungsversuche:

Mit Neutralrot 1:10.000 in Leitungswasser kann man nach 2 Std. Färbedauer kräftige Diffusfärbung beobachten, in einzelnen randnahen Zellen sind auch Entmischungstropfen aufgetreten. Verlängert man die Färbedauer bis auf 13 Std., so ändert sich das Bild nicht wesentlich, in fast allen Zellen kann man nur eine diffuse Vakuolenfärbung konstatieren.

Brillantcresylblau 1:10.000 p_H 8,3 färbt nach $2^1/_4$ Std. die Vakuolen diffus blau, aber nicht sehr intensiv. Beläßt man einen Schnitt 13 Std. im Farbbad, so ist trotzdem keine Entmischung zu sehen. Ganz ähnlich verhält sich Toluidinblau 1:10.000 p_H 11,2. Man erzielt nur Diffusfärbung und diese ist relativ schwach.

Nach diesem nicht gerade auffällig „vollen" Verhalten der Zellsäfte erstaunt ihre Affinität zu den beiden Farbstoffen Rhoda-

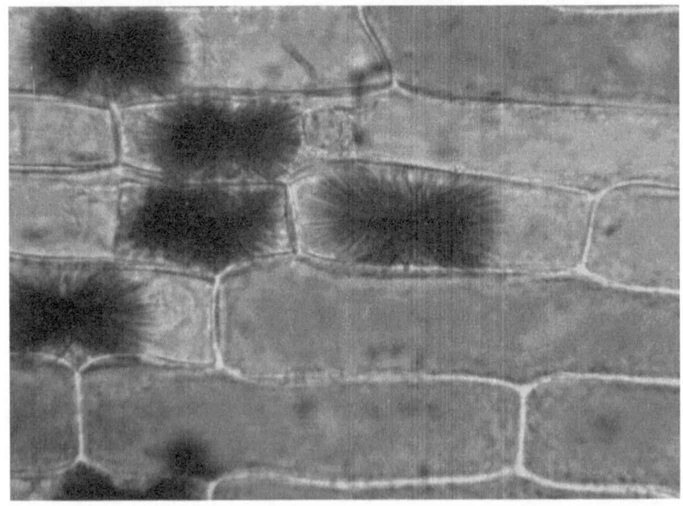

Abb. 4. *Polygonatum multiflorum:* Blatt, Oberseite. Kristalline Entmischung nach Färbung mit Rhodamin B 1:5000.

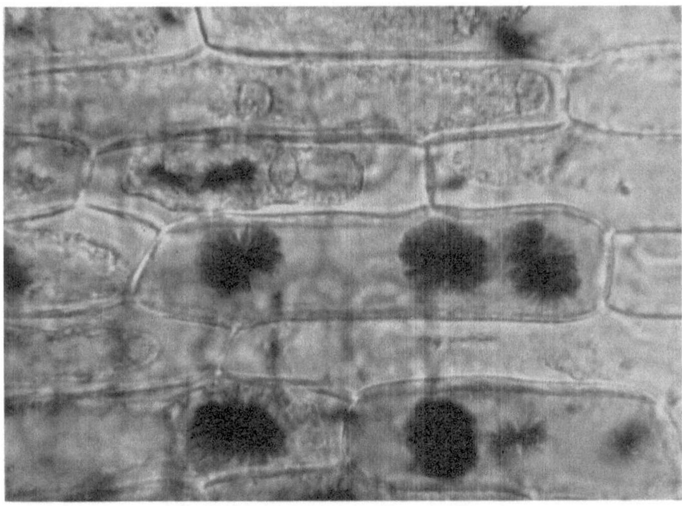

Abb. 5. *Polygonatum officinale:* Blatt, Oberseite. Auch hier entsteht nach Färbung mit Rhodamin B 1:5000 die Entmischung in kristalliner Form.

min B und Acridinorange. Letzteres ergibt nach zweistündiger Einwirkung gleißendgrüne Fluoreszenz, was also auf einen beträchtlichen Speicherstoffreichtum hindeutet, zumal in den randnahen Zellen, die mehr olivfarben fluoreszieren, oft recht große Kugeln ausgefallen sind.

Färbt man einen Schnitt in Rhodamin B 1:5000 in dest. Wasser, so sind die Zellen diffus gefärbt, allerdings nicht sehr kräftig, dafür liegen in vielen Zellen schön ausgebildete Kristallbüschel, die fast kreisförmig sind und sich darin von den ebenfalls mit Rhodamin B entstehenden Kristallbüscheln bei *Polygonatum multiflorum* unterscheiden. Diese haben nämlich hantelförmige Gestalt, d. h. von einem Punkt aus strahlen die Kristallnadeln bevorzugt in der Richtung der Längserstreckung der Zelle aus. Wahrscheinlich beruht dieser Unterschied der Kristallformen nicht auf einer Verschiedenheit der Inhaltsstoffe, da *Polygonatum multiflorum* ja auch gleiche Reaktionen zeigt, vielmehr dürfte er durch räumliche Verhältnisse bedingt sein. Die Kristallnadeln bei *Polygonatum multiflorum* sind sehr lang, infolgedessen könnten sie gar nicht senkrecht zur Längserstreckung der Zelle stehen. Die viel kürzeren Einzelkristalle bei *Polygonatum off.* dagegen sind nicht länger als der kleinere Durchmesser der Zellen und können sich daher ungehindert anordnen.

Es war nun interessant, einmal unter dem Mikroskop die Bildung eines solchen Kristallaggregates zu verfolgen. Dazu wurde ein Schnitt in einem Tropfen Rhodaminlösung auf den Objektträger gebracht und beobachtet. Schon nach 5 Minuten kann man eine Diffusfärbung erkennen. Nach 10 Minuten treten die ersten kleinen, oft nur aus 3—4 Einzelkristallen bestehenden Büschelchen auf. Sie sind noch recht farbschwach und befinden sich in BMB. An diese Kristallisationskerne legen sich andere Kristallnadeln an, die Gebilde werden immer dichter und buschiger, natürlich auch farbstärker und nach 20 Minuten sind sie eigentlich voll ausgebildet. Die Vakuolen sind jetzt nur noch sehr schwach, manchmal eben andeutungsweise diffus gefärbt. Im UV leuchten die Zellen diffus gelb, während die Kristallbüschel sich als rote Körper abzeichnen. In Alkohol und Benzol sind die Kristalle innerhalb weniger Sekunden löslich, auf dem Schnitt liegen dann mehr oder weniger abgerundete rote Tropfen und Tröpfchen.

2. Sphärite entstehen, wie schon erwähnt, durch einen, man könnte vielleicht sagen, „Alterungsprozeß“ von Entmischungskugeln. Als Beispiel soll hier *Campanula rapunculoides* angeführt werden. Die Epidermiszellen der Blattoberseite zeigen mit Vanillin-Schwefelsäure keine sichtbare Reaktion.

Auch Vanillin-Salzsäure wirkt nicht unter Bildung irgendwelcher gefärbter Reaktionsprodukte ein.

Ebenso ergebnislos verläuft die Behandlung mit 1%iger Koffeinlösung.

p-Dimethylaminobenzaldehyd ruft die Ausbreitung einer äußerst schwachen blaßgelben Wolke hervor.

Setzt man den Schnitt den Dämpfen konz. Ammoniaks aus, in der schon öfter geschilderten Weise, so färben sich die Vakuolen nach kurzer Zeit hell zitronengelb.

Bariumhydroxyd veranlaßt eine sehr schwache gelbgrüne Färbung, keinen olivgrünen Niederschlag, wie das bei vielen anderen Objekten der Fall ist.

Das Gemisch aus Ammonmolybdat und Ammonchlorid färbt einige wenige Zellen gelb.

Natriumwolframat dagegen erzeugt keine Reaktion.

Die Eisen(III)-verbindungen zeichnen sich durch einen recht intensiv schwarzgrünen Farbton aus.

Färbungen:

Beläßt man einen Schnitt $2^1/_2$ Std. in einer Neutralrotlösung 1:10.000 in Leitungswasser, so sind die Zellen im Schnittinnern nur diffus tingiert. In den Zellen am Schnittrand dagegen oder in seiner Nähe, kann man keine oder nur sehr schwache Diffusfärbung wahrnehmen. Dafür sind aber hier oft sehr große Kugeln aufgetreten. In einzelnen Zellen haben sich diese Entmischungskugeln schon zu Sphäriten umgewandelt. Diese Sphärite sind häufig von einem violettroten Saum umgeben. Vielleicht handelt es sich bei diesem „Hof" um die ehemalige Begrenzung der Kugel, denn der wahrscheinlich durch Wasserabgabe entstehende Sphärit nimmt natürlich nicht das gleiche Volumen ein wie der mehr oder weniger flüssige und wasserreiche Entmischungstropfen. Läßt man den gefärbten Schnitt einige Zeit liegen, so kann man bei erneuter Beobachtung feststellen, daß die Zahl der Sphärite auf Kosten der Zahl der Entmischungskugeln zugenommen hat. Es dürfte sich also doch wohl um eine gewisse Alterung der Tropfen handeln. Brillantcresylblaulösung 1:10.000 p_H 8,3 ruft nach 3 Std. im Schnittinnern Diffusfärbung, am Schnittrand auch Entmischungskugeln hervor.

Im wesentlichen das gleiche Färbebild zeigt sich bei Eintragen eines Schnittes in Toluidinblau 1:10.000 p_H 11,2.

Die Fluoreszenz der Epidermiszellen ist mit Acridinorange nach dreistündiger Färbedauer im Innern des Schnittes gelbgrün.

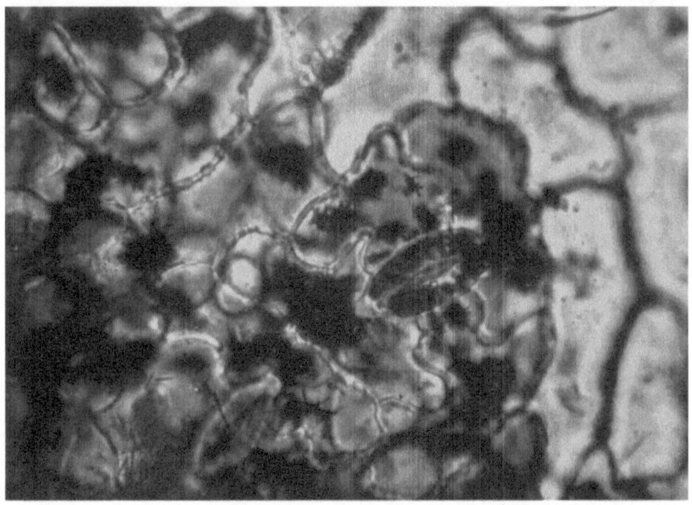

Abb. 6. *Carlina vulgaris:* Blatt, Oberseite. Kristalline Entmischung nach Färbung mit Rhodamin B 1:5000.

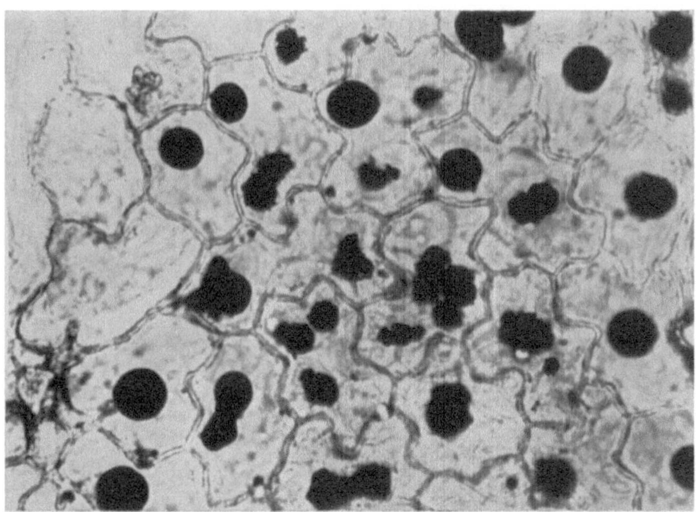

Abb. 7. *Campanula rapunculoides:* Blatt, Oberseite. Kugelige, langsam kristallin werdende Entmischung nach Färbung mit Neutralrot 1:10.000 in Leitungswasser.

Die Randzellen fluoreszieren hier rein grün und weisen rote Entmischungskugeln auf.

Rhodamin B weicht im Färbungstyp ab, es bildet nach 1 Std. neben schwacher Diffusfärbung recht hübsche, zierliche, aber noch nicht als krümelig anzusprechende Dendriten.

Die Tabelle 2, S. 296, zeigt, daß außer Neutralrot und Rhodamin B auch noch andere Farbstoffe zu kristallinen Fällungen befähigt sind.

Bei *Dianthus Carth.* und *Lathyrus niger* kristallisiert ebenso wie bei *Polygala major* eine Verbindung Inhaltsstoff-Brillantcresylblau aus in Form von Kristallbüscheln. *Polygala* und *Dianthus* zeigen auch eine recht gute Übereinstimmung in ihrem mikrochemischen Verhalten. Eventuell besitzen sie den gleichen Inhaltsstoff. Abweichend verhält sich *Lathyrus niger*. Mit Rhodamin B bildet außer den *Polygonatum*-Arten auch *Carlina vulgaris* kristalline Fällungen aus, allerdings nicht in Form von Kristallbüscheln, sondern in Gestalt von Sphäriten. Interessanterweise zeigt dieses Objekt auch in den anderen Färbungen sowie in den mikrochemischen Reaktionen große Ähnlichkeit mit *Polygonatum*. Mit Acridinorange schließlich fallen bei *Centaurea jacea* Sphärite aus. In allen diesen Fällen entstehen jeweils nur mit einem Farbstoff kristalline Entmischungsprodukte. *Sedum maximum* ist ein Beispiel dafür, daß eine kristalline Entmischung auch mit mehreren Farbstoffen erfolgen kann. Es bildet sowohl mit Neutralrot als auch mit Acridinorange und Toluidinblau Sphärite aus.

Als Inhaltsstoffe werden auch bei diesen Objekten irgendwelche Flavonderivate in Frage kommen. Bei Ausbreitung einer gelben Wolke nach der Behandlung mit schwefelsäurehaltigen Reagentien ist anzunehmen, daß es sich um hesperidinartige Glykoside handelt. Speziell für die *Caryophyllaceae* geben Hadders und Wehmer (1932) das 5,7,3'-Trioxy-4'-methoxyflavanonglykosid an, während sie *Potentilla reptans* in der Reihe der Pflanzen anführen, die ein Flavon unbekannter Art enthalten sollen.

c) Diffusfärbung:

Bis jetzt wurden Objekte besprochen, die Entmischungsformen zeigen. Daneben gibt es aber auch Pflanzen, deren Inhaltsstoff mit dem Farbstoff nur lösliche Verbindungen eingeht (Löslichkeitsspeicherung), so daß es selbst bei längerem Liegen der Schnitte in der Farblösung nur zu Diffusfärbung kommt. Dabei ist die Tatsache, daß es sich um „volle" Zellsäfte handelt, stets am „negativ metachromatischen" Farbton der gefärbten Vakuolen zu erkennen (blaugrüne Färbung mit den blauen Farbstoffen, violettrote Fär-

Tabelle 2: Objekte mit kristalliner Entmischung

Objekt (Blatt, Oberepidermis	Färbungen						
	Neutral-rot	Rhodamin B	Bril-lant-cresyl-blau	Acri-din. orange	Tolu-idinblau	Kof-fein	Van-HCl
Anagallis arvensis	Df, Sp	Df, o	Df, o	Df, o	Df	—	—
Campanula rapunculoides .	Df, Sp	Df, D	Df, o	Df, o	Df, o	—	—
Carlina vulgaris	Df	Df, Kr	Df	Df, o	Df	—	—
Centaurea jacea	Df, o	Df, VP	Df, o	Df, Sp	Df, o	—	—
Dianthus Carthusianorum .	Df	Df, o	Df, Kr	Df		—	—
Lathyrus niger	Df, o	Df, o	Df, Kr	Df, o	Df, o	—	—
Polygonatum multiflorum .	Df, o	Df, Kr	Df	Df, o	Df, o	—	—
Polygonatum officinale ...	Df, o	Df, Kr	Df	Df, o	Df	—	—
Polygala major	Df, o	Df, o	Df, Kr	Df, o		—	—
Potentilla reptans	Df, Sp	Df	Df	Df, Sp	Df	—	—
Sedum maximum	Df, Sp	K	Df, o	Df, Sp	Df, Sp	—	—

Abkürzungen wie in Tabelle I, S. 290.

bung mit Neutralrot, grüne Fluoreszenz mit Akridinorange). In manchen Fällen und vor allem im Dauerversuch (über Nacht) bilden sich doch bei dieser langdauernden Einwirkung des Farbstoffes Kugeln aus, vor allem in randnahen Zellen. Diese Erscheinung kann man aber dann bei demselben Objekt nicht mit allen Farbstoffen beobachten. Im einzelnen gibt die Tabelle 3, S. 298, darüber Aufschluß. Als Beispiel ist *Teucrium montanum* seiner ausschließlichen Diffusfärbung wegen gut geeignet und wurde deshalb ausgewählt. Die Epidermiszellen der Blattoberseite entlassen mit Vanillin-Schwefelsäure eine gelbliche Wolke.

Auch mit Vanillin-Salzsäure färben sich die Zellen blaßgelb. Koffein reagiert in keiner erkennbaren Weise.

Dagegen liefert p-Dimethylaminobenzaldehyd, wie nach der Reaktion mit Vanillin-Schwefelsäure eigentlich zu erwarten war, eine gelbe Wolke. Man kann direkt beobachten, wie sich die Gelbfärbung aus den Zellen löst und das ganze Präparat überschwemmt.

Bei Einwirkung von Ammoniak-Dämpfen tritt in den Epidermiszellen eine kräftig eigelbe Färbung auf.

Bariumhydroxyd fällt den Inhaltsstoff in Form einer dichten, körnigen, oliv-ockerfarbenen Verbindung mit deutlich bräunlichem Stich. Mit Natriumwolframat erscheinen viele Zellen gelb und beinhalten auch einen gelblichen Niederschlag.

Reaktionen						
Van-H_2SO_4	p-Dimethylaminobenzaldehyd	NH_3	$FeCl_3$	$Ba(OH)_2$	Ammonmolybdat	Natriumwolframat
gelb	gelb	+gelb	schwarzgrün	N! oliv	—	schw.gelb
—	—	+gelb	schwarzgrün	grüngelb	gelb	—
gelb	gelb	+gelb	braungrün	N! oliv	gelb	schw.gelb
—	—	N!+gelb	schw.grün	N! oliv	gelb	schw.gelb
gelb	gelb	++gelb	schwarzgrün	N! oliv	gelb	gelb
—	—	+gelb	schw.grün			schw.gelb
—	gelb	+gelb	braungrün		—	schw.gelb
—	gelb	+gelb	braungrün		—	schw.gelb
gelb	gelb	++gelb	schwarzgrün		gelb	gelb
—	—	+gelb			schw.gelb	schw.gelb
—	—	+gelb	schwarzgrün	grüngelb	gelb	gelb

Ein ebensolcher Niederschlag tritt in manchen Zellen nach Behandlung mit dem Gemisch Ammonmolybdat-Ammonchlorid auf, die meisten Zellen sind jedoch nur gelb gefärbt.

Die Eisen(III)-verbindungen sind kräftig grünschwarz gefärbt.

Färbungen:

Nach dreistündiger Einwirkung erzeugt Neutralrot 1:10.000 in Leitungswasser eine ausgesprochen kräftige Diffusfärbung, in ganz wenigen randnahen Zellen ist daneben noch eine kugelige Entmischung eingetreten.

Mit Brillantcresylblau 1:10.000 p_H 8,3 erhält man auch nach $3^1/_2$ Stunden nur kräftige Diffusfärbung.

In Toluidinblau 1:10.000 p_H 11,2 kann man einen Schnitt 4 Std. belassen und doch ist nur Diffusfärbung zu beobachten.

Mit Rhodamin B erhält man nach 4 Std. nur Diffusfärbung.

Der mit Acridinorange 1:10.000 p_H 11,2 gefärbte Schnitt zeigt eine deutliche Zonierung. Die Zellen des Schnittinnern fluoreszieren nach 4 Std. schön grün. Daran schließt eine Zone mit rot fluoreszierenden Zellen an, und ganz außen am Schnittrand sind in den olivfarbenen Zellen große rote Kugeln ausgefallen.

Bei allen Versuchen an diesen Pflanzen zeigt sich, wie aus der Tabelle 3, S. 298, ersichtlich, wieder eine bis auf wenige Ausnahmen frappante Parallelität der Gelbfärbung mit Schwefelsäure

Tabelle 3: Gerbstofffreie Objekte mit Diffusfärbung

Objekt (Blatt, Oberepidermis)	Färbungen						
	Neutralrot	Rhodamin B	Brillantcresylblau	Acridinorange	Toluidinblau	Koffein	Van-HCl
Allium ursinum	Df	Df	Df	Df	Df	—	—
Allium vineale	Df	Df	Df	Df	Df, o	—	—
Atropa Belladonna	Df	Df, D	Df	Df	Df	—	—
Daphne Cneorum	Df	Df	Df	Df	Df	—	—
Dictamnus albus	Df	Df	Df	Df	Df, o	—	—
Globularia cordifolia	Df	Df	Df	Df	Df	—	—
Homogyne discolor	Df, o	Df	Df	Df, o	Df	—	—
Lycium halimifolium	Df, o	Df	Df	Df	Df, o	—	—
Melampyrum arvense	Df	Df	Df	Df	Df, o	—	—
Muscari racemosum	Df	Df	Df	Df	Df	—	—
Muscari comosum	Df, o	Df, o	Df	Df	Df	—	—
Onobrychis viciaefolia	Df	Df	Df	Df	Df	—	—
Orchis incarnata	Df	Df	Df	Df	Df	—	—
Phyteuma spicatum	Df	Df	Df	Df, o	Df	—	—
Plantanthera bifolia	Df	Df	Df	Df	Df	—	—
Primula auricula	Df	Df	Df	Df, K	Df	—	—
Primula veris	Df	Df	Df	Df	Df	—	—
Rhamnus saxatilis	Df	Df	Df	Df	Df	—	—
Scrophularia nodosa	Df	Df	Df	Df, o	Df	—	—
Teucrium montanum	Df, o	Df	Df	Df, o	Df	—	—
Viburnum Lantana	Df	Df	Df	Df	Df	—	—

Abkürzungen wie in Tabelle I, S. 290.

und einem kräftig schwarzgrünen Ton der Eisenfärbung. In Übereinstimmung damit steht auch bei einer recht beachtlichen Anzahl von Objekten eine ockerfarbene Fällung mit Bariumhydroxyd. Wenn nun, wie in manchen Fällen (z. B. *Lycium halimifolium* oder *Homogyne discolor*) zu dieser ockerfarbenen Reaktion mit $Ba(OH)_2$ eine dunkelgelbe Färbung mit Ammoniak dazukommt, so wird man wohl auf die Anwesenheit eines Oxyflavons oder Derivates schließen dürfen, denn nach Tunmann und Rosenthaler lösen sich Oxyflavone ja in Ammoniak mit tiefgelber Farbe.

Einige der in dieser Tabelle aufscheinenden Objekte sind auch in der schon mehrfach zitierten Arbeit von Hadders und Wehmer (1932) verzeichnet. So wird für *Teucrium*-Arten das Scutellarin, eine 5,6,7,4′-Tetraoxyflavonglukuronsäure angegeben. *Scrophularia nodosa* soll das Diosmin, ein Luteolinmethyläther-Rhamnosid enthalten. In *Dictamnus albus* gilt Hesperidin = 5,7,3′-Trioxy-4′-

Reaktionen						
Van-H_2SO_4	p-Dimethylaminobenzaldehyd	NH_3	$FeCl_3$	$Ba(OH)_2$	Ammonmolybdat	Natriumwolframat
—		+gelb	schwarzgrün		—	schw.gelb
—	—	+gelb	grün	N! oliv	schw.gelb	schw.gelb
gelb	gelb	+gelb	schwarzgrün	N! oliv	gelb	gelb
—		+gelb	schwarzgrün		—	—
gelb	gelb	+gelb	braungrün			schw.gelb
gelb	gelb	++gelb	schwarzgrün	N! ocker	gelb	N! gelb
gelb	gelb	++gelb	schwarzgrün	N! ocker	gelb	gelb
gelb	gelb	+gelb	schwarzgrün	N! ocker	schw.gelb	schw.gelb
—	—	+gelb	grün	N! oliv	schw.gelb	schw.gelb
—	—	+gelb	braungrün		gelb	gelb
—	—	+gelb	braungrün	N! gelbgrün	—	gelb
gelb	gelb	++gelb	schwarzgrün	N! oliv	gelb	gelb
—	gelb	+gelb	schwarzgrün	N! ocker	gelb	gelb
—	—	+gelb, N!	braungrün	N! oliv	—	—
—	gelb	+gelb	schwarzgrün	N! oliv	gelb	schw.gelb
—	gelb	+gelb	schwarzgrün			schw.gelb
—		+gelb	grün		—	gelb
—	—	+gelb	schwarzgrün			schw.gelb
gelb	gelb	+gelb	schwarzgrün	N! gelbgrün	—	—
gelb	gelb	++gelb	schwarzgrün	N! oliv	gelb	gelb
gelb	gelb	++gelb	schwarzgrün	N! oliv	—	gelb

methoxyflavanonglykosid als nachgewiesen. Die Epidermis von *Primula auricula* schließlich soll nach FISCHER (1928) saponinhältig sein und bei *Rhamnus saxatilis* wäre ein Gehalt an Xanthorhamnin denkbar, der ja für die Früchte sichergestellt ist.

d) Verschiedene:

Die letzte Gruppe der gerbstofffreien Versuchspflanzen bilden die Objekte, die sich in die bisher genannten Kategorien der Farbstoffspeicherung nicht einreihen lassen, weil ihr Färbungsbild nicht einheitlich ist. Eine sehr gute Illustration ist dazu *Inula ensifolia*; verwendet wurden Schnitte der Blattoberseite. Die Epidermiszellen zeigten dabei folgendes mikrochemisches Verhalten: Mit Vanillin-Schwefelsäure tritt kräftige Gelbfärbung ein und es bilden sich in den Zellen gelbe Schollen, größere und kleinere Kugeln und Körnchen. Später entweicht die Gelbfärbung in Form einer gelben Wolke, die das Präparat umgibt.

Auch bei Einlegen eines Schnittes in Vanillin-Salzsäure entsteht eine Gelbfärbung.

Eine 1%ige Lösung von Koffein ergibt keine Reaktion.

Dagegen entsteht mit p-Dimethylaminobenzaldehyd augenblicklich eine dunkelgelbe Färbung unter Ausfallen eines gelben Niederschlages aus Tropfen und Körnchen wie bei Vanillin-Schwefelsäure. Also ist diese Tropfenfällung wahrscheinlich auf die Gegenwart der konz. Schwefelsäure zurückzuführen.

Bariumhydroxyd fällt einen sehr dichten, körnigen, tief ockerfarbenen Niederschlag, indes mit Ammoniak nur eine diffuse, allerdings starke Gelbfärbung erhalten werden kann.

Auch das Gemisch von Ammonmolybdat und Ammonchlorid bewirkt in den meisten Zellen Gelbfärbung, in manchen jedoch Braunfärbung und gelegentlich Auftreten eines Niederschlages.

Natriumwolframat hingegen fällt keine Verbindungen mit dem Inhaltsstoff aus, es reagiert lediglich unter recht intensiver gelber Färbung in manchen Zellen.

Mit Eisen(III)-chlorid erhält man eine tief schwarzgrüne Färbung. Überträgt man den Schnitt nun in eine 10%ige $NaHCO_3$-Lösung, so erfolgt ein Umschlag der Farbe zunächst nach rein schwarz, später nach tief schwarzbraun.

Die Färbungen zeigten recht unterschiedliche Erscheinungen.

Mit Neutralrot 1:10.000 in Leitungswasser war nach $1^3/_4$ Std. im Schnittinnern Diffusfärbung aufgetreten. In den Zellen fallen auch im ungefärbten Zustand stark lichtbrechende Tropfen auf, die in den gefärbten Zellen hell und ungefärbt erscheinen. Sie stellen also nicht den Stoff dar, der für die Farbstoffspeicherung und die „volle“ Eigenschaft des Zellsaftes verantwortlich ist. Am Rand sind in etlichen Zellen Farbstoffkugeln ausgefallen, neben denen die ungefärbten Tropfen noch unverändert liegen.

Bei Brillantcresylblau 1:10.000 p_H 8,3 erzielt man nach 2 Std. nur Diffusfärbung, wenn man von einigen wenigen randnahen Zellen absieht, in denen sich Verschmelzungsprodukte gebildet haben.

Toluidinblau 1:10.000 p_H 11,2 zeigt im wesentlichen das gleiche Färbebild. Überhaupt kann man sehr häufig feststellen, daß Toluidinblau und Brillantcresylblau sich ziemlich gleichsinnig verhalten und meist sehr ähnliche Färbebilder liefern.

Bei $1^3/_4$stündiger Einwirkung von Rhodamin B entstehen in den Zellen recht unscharf umrissene blauviolette Körnchenmassen, die manchmal so dicht sind, daß bei schwacher Vergrößerung die ganze Zelle einheitlich fast blauschwarz erscheint.

Die zweistündige Behandlung mit Acridinorange 1:10.000 p_H 11,2 führt nur zu einer mattolivfarbenen Fluoreszenz. Randnahe Zellen zeichnen sich durch rotfluoreszierende Aggregate aus kleinen Kügelchen in Dendritenform aus.

Dieses Objekt weist also nur bei zwei von fünf Farbstoffen Übereinstimmung im Färbungstyp auf.

Für einige der in der Tabelle 4, S. 302, eingetragenen Pflanzen kann wieder die Arbeit von HADDERS und WEHMER herangezogen werden. Danach soll *Senecio Jacobaea* ein Flavon $C_{15}H_{10}O_2$ beinhalten. *Clematis vitalba* ist nach DE STEVENS und NORD in der Epidermis kaffeesäurehaltig, was sich ja auch in der Tatsache widerspiegelt, daß mit $Ba(OH)_2$ sofort ein grüner Niederschlag ausflockt, der nach einigen Minuten recht dicht wird. *Reseda lutea* enthält natürlich Luteolin, das 5,7,3′,4′-Tetraoxyflavon, daneben aber noch Apigenin, ein 5,7,4′-Trioxyflavon. *Hepatica triloba* endlich wird als saponinhaltig bezeichnet, während sich in *Caltha palustris* das Quercetin, ein 3,5,7,3′,4′-Pentoxyflavon befinden soll.

Betrachtet man alle bis jetzt besprochenen Tabellen, so fällt auf, daß Flavone und ihre Derivate in den Epidermen äußerst häufig sind und eigentlich in keiner Epidermiszelle ganz fehlen. Dieser Eindruck wird sich im weiteren Verlauf dieses Kapitels noch verstärken.

2. Gerbstofführende Pflanzen

Sie wurden auf Grund ihrer Koffein- und Vanillinreaktionen als gerbstofführend angesprochen. Bei ihnen erwies sich eine Unterteilung in nur zwei verschiedene Gruppen nach dem Färbungstyp als notwendig. Es tritt nämlich entweder Entmischung ein und dann häufig in Dendritenform (manchmal auch als Krümel- oder Körnchenfällung), oder die Objekte färben sich nur diffus, selbst bei langdauernden Versuchen.

a) Dendritenförmige Entmischung:

Lysimachia punctata hat in der Epidermis der Blattoberseite felderartig verteilte gerbstoffhaltige Idioblasten, die anderen Epidermiszellen enthalten Flavonderivate und geben daher auch als Entmischungsform Kugeln.

Vanillin-Schwefelsäure ruft in diesen Idioblasten rasch Rotfärbung hervor.

Mit Vanillin-Salzsäure fällt ein Niederschlag aus roten Körnchen aus.

Eine 1%ige Koffeinlösung bewirkt die Bildung einer dichten grauen Fällung aus kleinen, oft zu zweien oder mehr verklebten

Tabelle 4: Objekte mit uneinheitlichem Färbungsbild

Objekt (Blatt, Oberepidermis)	Färbungen						
	Neutralrot	Rhodamin B	Brillantcresylblau	Acridinorange	Toluidinblau	Koffein	Van-HCl
Amelanchier ovalis	Df, o	D	Df	Df, D	Df	—	—
Aristolochia clematitis	Df, o	Df, K	Df	Df, o	Df	—	—
Artemisia vulgaris	Df, D, VP	Df, K	Df, K	Df, D	Df, D	—	gelb
Asarum europaeum	Df, o	Df, D	Df, o	Df, o	Df, o	—	—
Berberis vulgaris	Df, o, D	o	Df, o			—	gelb
Brunella grandiflora	Df, Kn	Df, Kn	Df	Df	Df, K	—	—
Bryonia dioica	Df		Df	Df	Df, o	—	—
Caltha palustris	Df, o	Df, VP	Df, o	Df, o	Df, o	—	gelb
Castanea sativa	Df, VP	D	Df, VP	Df, VP	Df, o	—	—
Cephalanthera rubra	o	D	o	Df, o	Df, o	—	—
Cerinthe minor	VP	Df, D	VP	Df	Df	—	—
Chrysanthemum corymbosum	Df, D	Df	Df, D	Df, D	Df, D	—	—
Cichorium Intybus	Df, VP	Df, K	Df, VP	Df, D	Df, o	—	—
Clematis recta	Df, o	K, D	Df, o	Df, K	Df, o	—	—
Clematis vitalba	Df, D	Df, o	Df, o	Df, D	Df, o	—	—
Cornus sanguinea	Df, o, D	K, D	Df, K	Df, D	Df, K	—	—
Crepis biennis	D, VP	Df, D	Df, o	Df, K	Df, o	—	—
Echium vulgare	Df, K	Df, K	Df, K	Df, K	Df, K	—	—
Evonymus europaea	Df, o	K	Df, o	Df, VP	Df, o	—	—
Geranium sanguineum	Df, VP	Df	Df	Df, D	Df	—	gelb
Hepatica triloba	Df, D	Df, K	Df, D	Df, D	Df	—	—
Inula hirta	Df, o	Df, Kn	Df, Kn	Df, Kn	Df	—	gelb
Inula conyza	K	K	K	Df, K	Df, K	—	gelb
Lactuca scariola	D, VP	D	D, VP	Df, D	Df, D	—	—
Leontodon hispidus	VP	Kn	VP	Df, VP	Df, o, VP	—	—
Lychnis flos-cuculi	Df, o, K	Df, Kn	Df	Df, o	Df	—	—
Melilotus officinalis	Df, o	Df, o	Df, o	Df, D	Df, o	—	—
Nonea pulla	Df, o	Df	Df, D	Df, D	Df, o	—	—
Ononis spinosa	K	Df, Kn	Df, Kn	Kn	Df, Kn	—	gelb
Populus nigra	Df	Df, o	Df	Df, o	Df	—	—
Pulsatilla grandis	Df, D	Df, Kn	Df, D	Df, D	Df, D	—	gelb
Reseda lutea	Df	Df, VP	Df	Df, o	Df	—	—
Sanicula europaea	Df, o	Df, D	Df, o	Df, D	Df, o	—	—
Senecio Fuchsii	Df, o	Df, K	Df, o	Df, K	Df, o	—	—
Senecio jacobaea	Df, o, D	Df, D	Df, o	Df, VP	Df, o	—	—
Solidago virgaurea	Df, VP	K	o	Df, K	o	—	—
Stellaria holostea	Df, o	Df, D	Df, o	Df, o	Df, o	—	—
Tilia platyphyllos	Df, VP	D, Kn	K			—	—

Abkürzungen wie in Tabelle 1, S. 290.

Reaktionen						
Van-H_2SO_4	p-Dimethylaminobenzaldehyd	NH_3	$FeCl_3$	$Ba(OH)_2$	Ammonmolybdat	Natriumwolframat
gelb	—	+gelb	grün	N! olivgrün	—	gelb
—	—	+gelb	grün	N! olivgrün	gelb	gelb
gelb	gelb	+gelb	schwarzgrün	N! olivgrün	—	gelb
—	—	+gelb	braungrün, o		schw.gelb	schw.gelb
gelb	gelb	+gelb	schwarzgrün	N! ocker	gelb	gelb
gelb	gelb	+ +gelb	schwarzgrün	N! oliv	gelb	schw.gelb
—	—	+gelb	—?	N! grüngelb	—	schw.gelb
gelb	gelb	+gelb	schwarzgrün	N! oliv	gelb	schw.gelb
—	—		grün	N! olivgrün	—	—
—	—	+gelb	schwarzgrün	gelb	—	gelb
—		+gelb	—?		gelb	gelb
gelb	gelb	+gelb, N!	schwarzgrün	N! oliv	gelb, N!	gelb, N!
gelb	gelb	+gelb	schwarzgrün	N! grüngelb	—	—
—	—	+gelb	grün	N! grüngelb	gelb	—
—	gelb		schwarzgrün	N! grün	N! braun	N! grün
gelb	gelb	+gelb, N!	grün	N! oliv	gelb	—?
grau	gelb	+gelb	schwarzgrün	N! grüngelb	gelb	—
grau	gelb	+ +gelb	schwarzgrün	N! oliv	gelb	schw.gelb
gelb	—	+gelb	grün	N! oliv	gelb	gelb
—	—	+ +gelb	schwarzgrün	N! oliv	gelb	gelb
grau	grau	+gelb	grün	N! oliv	gelb	—
gelb	gelb	+ +gelb	schwarzgrün	N! ocker	gelb, N!	gelb
gelb	gelb	+gelb		N! oliv	—?	—?
—	gelb	+gelb	schwarzgrün	N! grüngelb	—	—
—	—	+gelb	schwarzgrün	N! grüngelb	schw.gelb	schw.gelb
—	—	+gelb	braun	gelb	—	—
		+ +gelb	grün		gelb	gelb
—	gelb	+gelb	braungrün	grüngelb	—	—
—	—	+gelb, N!	schwarzgrün		gelb	gelb
gelb	gelb	+ +gelb	schwarzgrün	N! ocker	gelb	gelb
gelb		+gelb, N!	schw.grün		gelb	schw.gelb
gelb	—	+gelb	schwarzgrün	N! oliv	gelb	gelb
gelb	gelb	+gelb	braungrün	N! grün	gelb	gelb
—	—	+gelb	schw.grün		—	—
gelb	gelb	+ +gelb	grün	N! olivgrün	gelb	—
—	—	+gelb	schwarzgrün	N! olivgrün	gelb	—
—		+gelb	—?		gelb	gelb
—	—	N!	schwarzgrün		—	

Tröpfchen. p-Dimethylaminobenzaldehyd verursacht eine fast schlagartig einsetzende gelbbraune Verfärbung der Idioblasten.

Ammoniakdämpfe reagieren mit den normalen Epidermiszellen unter Gelbfärbung. Die Idioblasten hingegen erscheinen von einem dichten olivockerfarbenen Niederschlag erfüllt.

Auch Bariumhydroxyd liefert einen solchen sehr dichten, tief ockerbraunen Niederschlag in den Idioblasten, während es die anderen Epidermiszellen nur gelb färbt.

Das Gemisch aus Ammonmolybdat und Ammonchlorid bildet einen ziemlich dichten kaffeebraunen Niederschlag, während Natriumwolframat interessanterweise keine Reaktion zeigt.

Die Eisen(III)-verbindungen schließlich sind dunkel grünschwarz.

Färbungen:

Mit Neutralrot 1:10.000 in Leitungswasser hat sich die Diffusfärbung in einem Teil der Zellen zu Kugeln, in einem anderen Teil, eben den Idioblasten, zu Dendriten entmischt.

Rhodamin B 1:5000 in dest. Wasser erzeugt nach $2^1/_2$ Std. mit dem Inhaltsstoff ebenfalls Dendriten. Brillantcresylblau 1:10.000 p_H 8,3 veranlaßt ebenso wie Neutralrot in einem Teil der Zellen Kugelbildung, in den Vakuolen der Idioblasten dendritenartige Körper.

Mit Toluidinblau 1:10.000 p_H 11,2 entstehen Verschmelzungsprodukte, die aber der Dendritenform sehr nahe stehen, vielleicht auch schon als grobe, arme (nicht reich verzweigte) Dendriten bezeichnet werden können.

Mit Acridinorange 1:10.000 p_H 11,2 fluoreszieren die Idioblasten nach $3^1/_2$ Std. mattgrün. In ihnen liegen außerdem noch rot leuchtende dendritenähnliche Verschmelzungsprodukte.

Der positive Ausgang der Koffein- und Vanillinreaktionen berechtigt zu der Annahme, daß es sich in diesem Falle um einen Katechingerbstoff handelt. Daß eine dendritenartige Entmischung auch von einem „eisenbläuenden" Gerbstoff gegeben werden kann, zeigt *Potentilla reptans*. Auch hier trägt die Blattoberseite Idioblasten, die wahllos verteilt sind. Sie reagieren, wie aus der Tabelle ersichtlich, mit Koffein positiv, mit den Vanillin-Reagentien negativ, bilden blauschwarze Eisenkomplexe und fällen alle Farbstoffverbindungen (außer Toluidinblau) in Gestalt von Dendriten. In den anderen Epidermiszellen besitzt Potentilla reptans ein Flavonderivat, das mit Neutralrot und Acridinorange in Gestalt von Sphäriten auskristallisiert.

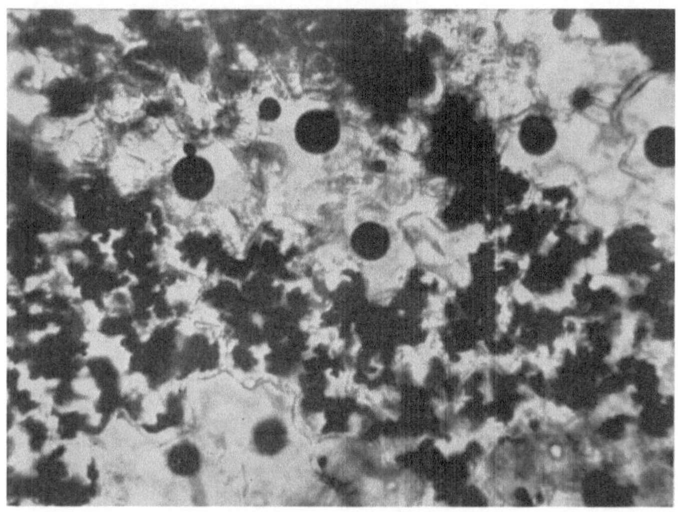

Abb. 8. *Lysimachia nummularia:* Blatt, Oberseite. Dendritenartige Entmischung in den Idioblasten, in den anderen Epidermiszellen kugelige Entmischung nach Färbung mit Neutralrot 1:10.000 in Leitungswasser.

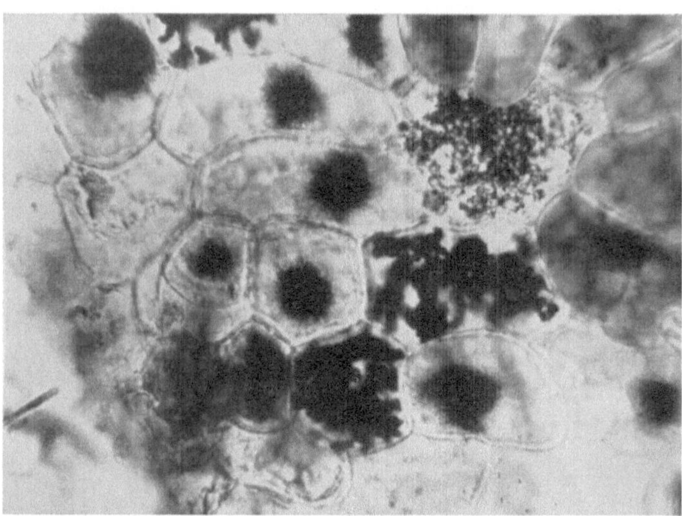

Abb. 9. *Potentilla reptans:* Blatt, Oberseite. Dendritenartige Entmischung in manchen Epidermiszellen, in anderen Sphärite nach Färbung mit Neutralrot 1:10.000 in Leitungswasser.

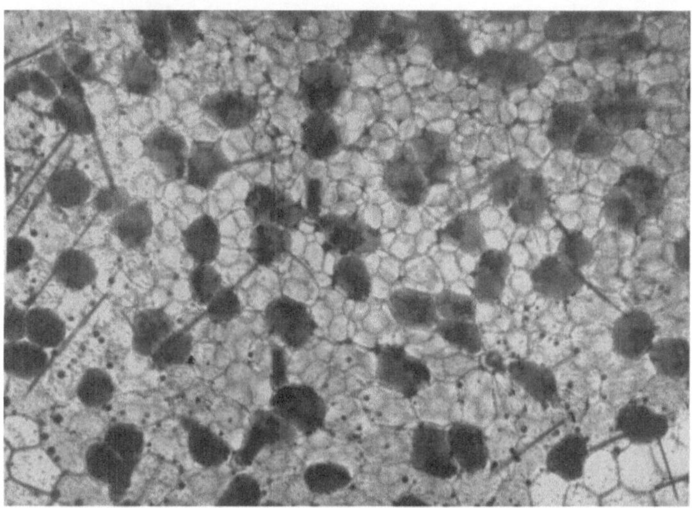

Abb. 10. *Cyclamen europaeum:* Blatt, Oberseite. Dendritenartige Entmischung in den Idioblasten nach Färbung mit Neutralrot 1 : 10.000 in Leitungswasser. In den anderen Epidermiszellen dagegen kugelige Entmischung.

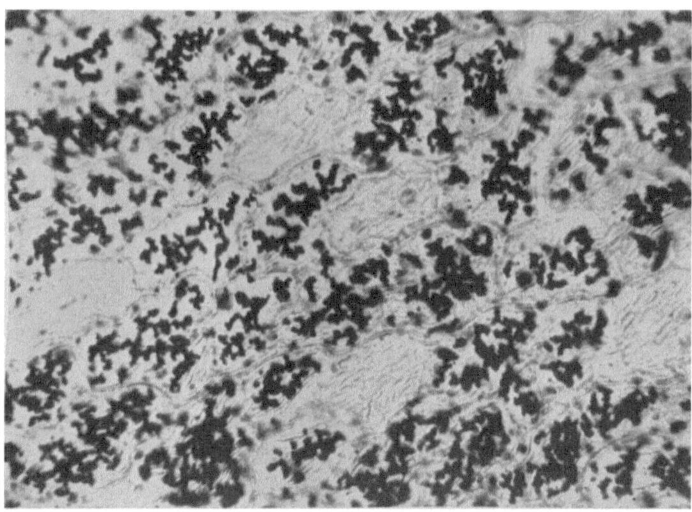

Abb. 11. *Rumex sp.:* Blatt, Oberseite. Sehr schöne dendritenartige Entmischung nach Färbung mit Neutralrot 1 : 10.000 in Leitungswasser.

Diese Epidermisidioblasten sind nicht auf *Potentilla reptans* beschränkt. Auch *Potentilla alba, P. recta, P. anserina* und *P. arenaria* weisen diese Idioblasten auf, doch sind die Reaktionen erstaunlicherweise nicht bei allen gleich. Gemeinsam haben sie die Bildung eines Tröpfchenniederschlages mit Koffein und die Fällung des jeweiligen Inhaltsstoffes durch Ammoniak. Diese beiden Reaktionen werden aber von vielen Gerbstoffen verschiedener Typen gegeben, deren ja auch mehrere nebeneinander vorkommen können. Positive Vanillin-Reaktionen sind bei *P. alba, P. anserina* und *P. arenaria* zu erhalten, nicht aber bei *P. reptans* und *P. erecta*. *Potentilla anserina* und *Potentilla arenaria* geben daher auch in Übereinstimmung mit ihren Vanillin-Reaktionen mit p-Dimethylaminobenzaldehyd eine gelbbraune bis rötlichbraune Färbung. Bei *P. arenaria* kann man gelegentlich auch Kristalle beobachten, die mit diesem Reagens vorzugsweise von den Wänden her aufschießen.

Bei allen diesen Objekten war der Gerbstoff in der Epidermis nur in gewissen Zellen lokalisiert. Dies ist auch noch der Fall bei *Cyclamen europ.*, *Primula auricula* und *Lysimachia nummularia*, wahrscheinlich auch bei *Rubus sp.* Andere Pflanzen dagegen enthalten Gerbstoffe in allen Epidermiszellen, hieher gehören *Rumex sanguineus, Rumex sp.* (wahrscheinlich *R. crispus*), *Hypericum montanum* und *Dorycnium germanicum*.

Bei eingehender Durchsicht der Tabelle 5, S. 306, fällt auf, daß in Grenzfällen die Koffeinreaktion auch dann positiv ist, wenn Vanillin-Schwefelsäure und Vanillin-Salzsäure versagen und selbst die Eisenreaktion eine bestimmte Aussage nicht gestattet. Als Erklärung dafür gibt es zwei Möglichkeiten. Entweder muß man die Koffeinreaktion als empfindlicher als die anderen Reaktionen ansehen, oder man könnte vermuten, daß Koffein noch mit anderen, etwa den Gerbstoffen verwandten Verbindungen reagiert. Interessant ist in diesem Zusammenhang auch die Tatsache, daß in den Fällen, wo eine positive Koffein-Reaktion mit positiven Vanillin-Reaktionen zusammentrifft, Ammonmolybdat einen bräunlichen bis kaffeebraunen Niederschlag ergibt. In der Arbeit von HADDERS und WEHMER (1932) sind leider keine Angaben enthalten über die in dieser Tabelle aufgeführten gerbstoffhaltigen Pflanzen.

b) Gerbstoffhaltige Pflanzen mit Diffusfärbung:

Hierunter fallen mit zwei Ausnahmen (*Sedum maximum* und *Chrysanthemum corymbosum*) nur Objekte, bei denen die Gerbstoffe in Parenchymidioblasten lokalisiert sind (entweder im Schwamm- oder im Palisadengewebe, gelegentlich auch in beiden). Zur Charak-

Tabelle 5: Gerbstoffhaltige Objekte mit dendritenartiger Entmischung

Objekt (Blatt, Oberepidermis)	Färbungen						
	Neutral-rot	Rhod-amin B	Bril-lant-cresyl-blau	Acri-din-orange	Tolu-idin-blau	Kof-fein	Van-HCl
Cotoneaster tomentosa .	Df, D	Df, D	Df, D	Df, D	Df, D	—?	+
Cotoneaster integerrima	Df, D	D	Df, D	Df	Df, D	+	—
Crataegus monogyna . .	Df, Kn	D	Df, D	Df, D	Df, D	+	—
Cyclamen europaeum . .	Df, D	Df, D	Df, D	Df, D	Df, D	+	+
Dorycnium germanicum	N ! Kn	Df, Kn	Df, K	Df	Df, K	+	+
Helianthemum ovatum	Df, D	Df, D	Df, D	Df, o	Df	+	—
Helianthemum canum .	Df, D	D	Df, D	Df, D	Df	+	—
Helianthemum obscurum	Df, D	N ! Kn	Df, D	Df, D	Df, D	—?	—
Hypericum montanum .	Df, o	Df, K	Df, o	Df, o	Df, o	+	+
Impatiens parviflora . . .	Df, D	D	Df, D	Df, D	Df, D	—	—
Lysimachia punctata . .	Df, D	D	Df, D	Df, D	Df, D	+	+
Lysimachia nummularia	Df, D	N ! Kn	Df	Df	Df	+	+
Potentilla reptans	D	D	Df, D	Df, D	Df, D	+	—
Potentilla alba	Df, VP	Df, D	Df			+	+
Potentilla anserina	Df, VP	Df, D	Df, VP	Df, D	Df, VP	+	+
Potentilla arenaria	Df, D	D	Df, D	Df, D	Df	+	+
Primula veris	Df, Kn	D	Df, Kn	Df	Df	+	+
Primula auricula	Df, D	D	Df, D	Df, D	K	+	+
Prunus padus	Df, o	D	Df, o	Df, D	Df, D	+	—
Rubus sp.	Df, D	Df, D	Df, D	Df, D		+	—
Rumex sp. (crispus?) . .	Df, D	Df, D	Df, D	Df, D	Df, D	+	+
Rumex sanguinea	D	D	D	D	D	+	+
Vaccinium Vitis-Idaea .	Df, Kn	N ! Kn	N ! Kn	Df, Kn	Df, Kn	+	+

Abkürzungen wie in Tabelle I, S. 290.

terisierung dieses Typs eignet sich *Primula auricula* recht gut. Im Blattparenchym sowohl wie in der Epidermis sind bei dieser Pflanze Gerbstoffidioblasten anzutreffen. Doch verhalten sich die beiden nicht gleich. Während die Epidermisidioblasten sich bei Vitalfärbung dendritenartig bis krümelig entmischen, ist im Parenchym ein Ausflocken der kolloidalen Gerbstoff-Farbstoffverbindungen nicht zu erreichen. Da also an dieser Pflanze beide Färbungsbilder zu erkennen sind, scheint sie auch in beiden Tabellen auf. An dieser Stelle jedoch sollen nur die Reaktionen und Färbungen der Parenchymidioblasten detailliert werden.

Reaktionen:

Mit Vanillin-Schwefelsäure tritt sofort eine dunkelrote Färbung

Reaktionen						
Van-H_2SO_4	p-Dimethylaminobenzaldehyd	NH_3	$FeCl_3$	$Ba(OH)_2$	Ammonmolybdat	Natriumwolframat
+	+	gelbbr.	schwarzgrün		gelb	gelb
—?	+	gelb	grün	N! ocker	gelb	gelb
+	+	N!	schwarzgrün	N! grüngelb	—?	—?
+	+	ocker	schwarzgrün	N! oliv	gelb	gelb
+	+	N! grüng.	schwarzgrün	N! ocker	N! braun	N! gelb
gelb	gelb	N! braun	schwarzgrün	N! oliv	N! braun	N! braun
gelb	+	N! ocker	schwarzgrün	N! oliv	N! braun	N! braun
gelb	+	N! braun	blauschwarz		gelb	—?
+	+	N!	schwarzgrün	N! oliv	N! braun	—?
+	gelb	gelb	schwarzgrün	N! gelbgrün	gelb	gelb
+	+	N! ocker	schwarzgrün	N! ocker	N! braun	—
+	+	N! ocker	schwarz	N! ocker	N! braun	gelb
—		N! braun	blauschwarz		schw.gelb	schw.gelb
+		N! gelbgr.			gelb	gelb
+	gelb	N!	grün			schw.gelb
+	+	N!	braungrün	N! oliv	N! braun	N! braun
+		N! braun	blauschwarz		N! braun	gelb
+	+	gelb	schwarzgrün	N! grüngrau	gelb	gelb
+		gelb	schwarzgrün		N!	gelb
		N! braun	schwarzgrün		braun	gelb
+	+	N! braun	schwarzgrün	N! grüngelb	N! braun	schw.gelb
+	+	N! braun	schwarzgrün	N! graugrün	N! braun	
+	gelb	ocker	schwarzgrün	N! ocker	N! braun	N! braun

auf. Vanillin-Salzsäure ruft ebenfalls gleich eine rote, bei längerer Einwirkung dunkel braunrote Färbung hervor.

Die 1%ige Koffeinlösung schlägt den Gerbstoff der Vakuolen in Form einer äußerst dichten Tröpfchenfällung nieder, so daß die Zellen bei schwacher Vergrößerung dunkelgrau erscheinen.

p-Dimethylaminobenzaldehyd färbt die Idioblasten rotbraun.

Bei Einwirkung von Ammoniakdämpfen entsteht augenblicklich ein braungrüner bis graugrüner Niederschlag.

Einen ähnlichen Niederschlag erzielt man durch Einlegen eines Schnittes in Bariumhydroxyd. Er ist dicht und intensiv graugrün.

Eisen(III)-chlorid färbt die Idioblasten kräftig grünschwarz.

Tabelle 6: Gerbstoffhaltige Objekte mit Diffusfärbung

Objekt (Idioblasten im Parenchym, bei Chrys. und Sed. max. in der Epid.)	Färbungen						
	Neutralrot	Rhodamin B	Brillantcresylblau	Acridinorange	Toluidinblau	Koffein	Van-HCl
Anagallis arvensis	Df	Df	Df	Df		+	+
Chrysanthemum corymbosum	Df	Df	Df	Df	Df	+	—
Coronilla varia	Df	Df	Df	Df	Df	+	+
Dorycnium germanicum	Df	Df	Df	Df	Df	+	+
Lotus siliquosus	Df	Df	Df	Df	Df	+	+
Lotus corniculatus	Df	Df	Df	Df	Df	+	+
Onobrychis viciaefolia	Df	Df	Df		Df	+	+
Primula auricula	Df	Df	Df	Df	Df	+	+
Sedum album	Df	Df	Df	Df	Df	+	+
Sedum maximum	Df	Df	Df	Df	Df	+	+

Abkürzungen wie in Tabelle I, S. 290.

Mit dem Gemisch Ammonmolybdat und Ammonchlorid behandelt, erscheinen die Idioblasten schön gelbbraun, indes sie mit Natriumwolframat mehr graugelb mit leichtem grünlichem Stich anmuten.

Färbungen:

Neutralrot 1:10.000 in Leitungswasser ruft nach $1^1/_2$ Std. schöne violettrote Diffusfärbung hervor. Diese entmischt sich auch bei 18stündiger Versuchsdauer nicht, danach aber sind die randnahen Idioblasten fast schwarz gefärbt.

Mit Brillantcresylblau 1:10.000 p_H 8,3 bieten sich die Parenchymzellen nach drei Stunden kräftig ultramarinblau gefärbt dar. An diesem Färbebild ändert sich auch im Dauerversuch nichts.

Toluidinblau 1:10.000 p_H 11,2 verhält sich, wie meistens, ebenso wie Brillantcresylblau.

Rhodamin B führt nach 1 Stunde ebenso wie nach 18 Stunden nur zu Diffusfärbung. Allerdings kann man bei diesem Farbstoff eine deutliche Differenzierung der Idioblasten wahrnehmen. Manche von ihnen färben sich intensiv rotviolett, andere sind dunkel blauviolett tingiert. Vielleicht könnte diese Erscheinung mit einer verschiedenen Gerbstoffkonzentration in den einzelnen Zellen zusammenhängen. Vielleicht beruht sie aber auch auf einem Unter-

Reaktionen						
Van-H_2SO_4	p-Dimethylaminobenzaldehyd	NH_3	$FeCl_3$	$Ba(OH)_2$	Ammonmolybdat	Natriumwolframat
+	+	N! braun	schwarzgrün	N! braungrün	N! grüngr.	braun
—	—	N!	blauschwarz	N! oliv	N! braun	graugelb
+	+	N! braun	braunschwarz	N! braungrün	braun	braun
+	+				braun	braun
+		N! braun	schwarz		rotbraun	
+	+	N! grün	braunschwarz	N! braungrün	rotbraun	
		N! braun	braun	N! braungrün	rotbraun	braun
+	+	N! braun	schwarz	N! graugrün	gelbbraun	graugelb
		N!	braun	N! braungrün	gelbbraun	
+	+	N! braun	blau	N! graugrün		

schied im Dispersionsgrad der kolloidalen Gerbstofflösung in den Vakuolen.

Ein Teil der mit Acridinorange 1:10.000 p_H 11,2 gefärbten Idioblasten fluoresziert sowohl nach 3 Std. als auch nach 18 Std. gleißend grün, andere jedoch mehr braungrün bis bräunlich. Es spiegelt sich also hier die gleiche Differenzierung wie mit Rhodamin B wieder.

Sedum maximum enthält einen „eisenbläuenden“ Gerbstoff, der nicht mit Natriumwolframat reagiert. Sonst liefert es alle Gerbstoffreaktionen sehr deutlich. Sehr schön heben sich die Idioblasten mit Acridinorange von den gewöhnlichen Epidermiszellen ab. Diese leuchten nämlich im Dauerversuch (nach 15 Std.) grün und enthalten rote Krümel, während die Idioblasten — darüber hinaus — braun bis dunkelbraunrot fluoreszieren. Bei Färbung mit Rhodamin B zeichnet sich deutlich die auch schon bei *Primula auricula* erwähnte Differenzierung der Idioblasten ab. Wiederholt kann man beobachten (siehe Tabelle 6, S. 308), daß Gerbstoffidioblasten im Parenchym nach langdauernder Färbung mit Acridinorange statt der gleißendgrünen Fluoreszenz nur ein bräunliches bis rotbraunes Leuchten zeigen. Möglicherweise deutet diese Tatsache auf das Vorhandensein einer submikroskopischen Fällung der Verbindung zwischen Gerbstoff und Farbstoff hin. Mit dieser Annahme im Einklang steht die Differenzierung der Idioblasten durch Rhodamin B. Die Verschiebung des Farbtones von rotviolett nach blauviolett, oder von grün nach braun, würde dann auf eine Zusammenballung der kolloidal gelösten Teilchen zu submikroskopischen Fällungspartikeln hinweisen.

Es gibt zu denken, daß eine Diffusfärbung, die auch im Dauerversuch nicht entmischt wird, speziell im Parenchym vorliegt, wo die Zellen mit NH_3 zwar keine Gelbfärbung, aber einen Niederschlag aufweisen, der höchstwahrscheinlich aus Gerbstoffen besteht. Wäre es nicht denkbar, daß in solchen Fällen, die man wohl als flavonfrei ansprechen kann, eine Entmischung deshalb nicht erfolgt, weil die Fähigkeit zur Bildung tropfiger Entmischung eben nur den Flavonen und ihren Derivaten eigen ist? Es ist auffällig, daß es sich bei den Objekten mit Dendriten um Epidermisidioblasten handelt, wobei man bedenken muß, daß die meisten Epidermiszellen flavonhaltig sind. (Bei *Sedum maximum* und *Chrysanthemum corymbosum* allerdings liegen die Gerbstoffidioblasten auch in der Epidermis und färben sich trotzdem nur diffus, doch geben beide Objekte mit Ammoniak einen braunen Niederschlag und keine Gelbfärbung, dürften also flavonfrei sein.) Man könnte nun die Entstehung der Dendritenform auf das Bestreben der Flavone zur Kugelbildung zurückführen, das im Falle der Anwesenheit von Gerbstoffen in bestimmter Weise behindert wird, so daß es nicht zur Vereinigung der Kügelchen zu großen Kugeln kommen kann. Hängt diese Behinderung vielleicht unmittelbar mit der von verschiedenen Forschern (vgl. z. B. Hauser 1934) beschriebenen Eigenschaft der Gerbstoffe zusammen, an sich schwer lösliche Substanzen, also solche, die eine Tendenz zum Ausfallen zeigen, kolloidal in Lösung zu halten? Dadurch würden zwei gegensinnige Bestrebungen aufeinander einwirken, von denen jede ihren Anteil an dem endgültig zustande kommenden Färbebild hätte. Es könnte die Behinderung der Kugelbildung auch so zustande kommen, daß die durch Gerbstoffe verursachte submikroskopische Fällung die Viskosität der kleinen Kügelchen erhöht, die nun eben nicht verschmelzen, sondern nur noch verkleben können.

Mit diesen Überlegungen steht auch keineswegs die Tatsache im Widerspruch, daß unter den flavonhaltigen Objekten eine Gruppe mit fast ausschließlicher Diffusfärbung abgetrennt wurde. Im Dauerversuch war diese Diffusfärbung nämlich meistens zu entmischen, während dies bei den gerbstoffhaltigen Vakuolen mit Diffusfärbung nicht möglich war. Es wird sich also wahrscheinlich bei der Diffusfärbung flavonhaltiger Zellsäfte um eine „echte Diffusfärbung“, bedingt durch Löslichkeitsspeicherung, handeln, wohingegen man als Ursache der Diffusfärbung in Gerbstoffidioblasten das Ausflocken der schon mehrmals erwähnten submikroskopischen Fällung in Anspruch nehmen kann.

Ob und inwieweit aber diese Vorstellungen der Wirklichkeit nahekommen oder entsprechen, muß weiteren Untersuchungen zu entscheiden vorbehalten bleiben.

Ergänzende Versuche an leeren Vakuolen

Aus den systematischen histochemischen Versuchen an Pflanzen mit „vollen" Zellsäften kann man schließen, daß die negativ metachromatische Färbung solcher Vakuolen durch die in ihnen enthaltenen Stoffe, vor allem eben durch Gerbstoffe und Flavonderivate, bedingt ist. Bestätigt wird diese Folgerung noch durch einige Versuche an Zellsäften, die positive, oder nach Kinzel (1958) Assoziations-Metachromasie zeigen, also an „leeren" Zellsäften.

Das klassische Objekt für Vitalfärbeversuche sind die Schuppenblätter von *Allium cepa*. Kaum ein anderes Objekt ist so gründlich in bezug auf sein vitalfärberisches Verhalten untersucht worden. Dies hat seinen Grund wohl neben der leichten Beschaffung des Materials nicht zuletzt darin, daß man hier die Eigenschaften „voller" und „leerer" Zellsäfte in einfachster Weise nebeneinander studieren kann. Die Zellen der Außenepidermis sind „voll", sie reagieren mit Ammoniak unter Gelbfärbung und geben mit zahlreichen Farbstoffen Entmischungskugeln. (Drawert und Strugger 1938, Drawert 1939, Wiesner 1951.)Die Vakuolen der Innenepidermis dagegen sind als Musterbeispiel „leerer" Zellsäfte zu betrachten. Dies geht aus zahlreichen Arbeiten hervor, die sich speziell mit der Farbstoffspeicherung dieser Zellen beschäftigen. (Drawert 1937b und 1938a, Borriss 1937b, Strugger 1936 und 1943.) Doch können die Vakuolen der Innenepidermis unter bestimmten Umständen „voll" werden (Drawert 1937 a, Bancher und Hölzl 1960).

Mit Acridinorange 1:10.000 p_H 11,2 zeigen die normalen Innenepidermiszellen die für speicherstofffreie Vakuolen typische Rotfluoreszenz, während sie mit Neutralrot eine erdbeerrote Färbung geben.

Es war nun wichtig, festzustellen, wie sie bei Behandlung mit den zur Untersuchung speicherstoffführender Zellsäfte angewandten Chemikalien reagieren würden. Die durch Einritzen und Evakuieren abgehobenen Teile der Innenepidermis wurden dazu den Reagentien unter genau den gleichen Bedingungen ausgesetzt, wie sie bei den im letzten Kapitel beschriebenen Versuchen geherrscht hatten. Es ergab sich, daß die Zellen mit keinem der neun benutzten Reagentien eine sichtbare Reaktion erkennen ließen. Nicht einmal die

Ammoniak-Reaktion auf Flavone verlief positiv, obwohl Flavone und ihre Derivate in Epidermen eigentlich nur äußerst selten fehlen, eine Tatsache, die nicht nur aus den angeführten Tabellen hervorgeht, sondern die auch schon SHIBATA und KISHIDA (1961) aufgefallen war, die deshalb den Flavonen eine Schutzwirkung für das Plasma gegen allzustarke Bestrahlung (speziell gegen die schädliche Wirkung des UV) zuschrieben.

Zur Ergänzung dieses experimentellen Befundes wurden noch einige andere Pflanzen herangezogen, die nach FLASCH (1955) leere Zellsäfte haben sollen. Die Zellen des Stengelparenchyms von *Aspidistra elatior* und *Campanula rapunculoides* sowie von *Antirrhinum majus* zeigten ebenfalls mit keinem der neun Reagentien eine Reaktion, während die von FLASCH auch als leer angegebenen Blattparenchymzellen von *Phormium tenax* und *Agapanthus umbellatus* sich bei den von mir untersuchten Pflanzen durch Gelbfärbung mit Ammoniak als flavonhaltig erwiesen, und dementsprechend mit einigen Farbstoffen (Neutralrot, Brillantcresylblau und Toluidinblau) Entmischungskugeln aufwiesen, sowie mit Acridinorange grün fluoreszierten.

Der Vollständigkeit halber sei hier noch das Protokoll der Versuche an den Stengelparenchymzellen von *Boehmeria nivea* angegeben, die gleichfalls zu den leeren Zellen zu zählen sind.

Reaktionen:

Mit Vanillin-Schwefelsäure zeigten die Zellen des Stengelparenchyms keine Reaktion.

Ebenso ergebnislos verlief die Behandlung des Schnittes mit Vanillin-Salzsäure.

Auch die Einwirkung von Koffein 1% und p-Dimethylaminobenzaldehyd verlief durchaus negativ.

Ammoniakdämpfe führten nicht zur Gelbfärbung und $Ba(OH)_2$ erzeugte nur in einigen Anthocyanidioblasten eine grüne Fällung. Diese letzteren färbten sich auch mit $FeCl_3$ dunkel, während Natriumwolframat und Ammonmolybdat nicht reagierten.

Auch hier wieder zeigt es sich, daß die Zellen nicht auf die ausgewählten Reagentien ansprechen.

Färbungen:

Mit Neutralrot 1:10.000 in Leitungswasser sind die Zellen nach 2 Std. schön erdbeerrot gefärbt.

Rhodamin B erzeugt keine deutliche Färbung.

Brillantcresylblau färbt die Zellen kobaltblau, während die Tinktion mit Toluidinblau mehr violettblau erscheint.

Acridinorange schließlich erzeugt eine rote Fluoreszenz.

Es fällt auch hier die gute Übereinstimmung zwischen der positiv metachromatischen Färbung, also dem leeren Verhalten der Zellsäfte und ihren histochemischen Eigenschaften auf.

Zusammenfassung

1. An rund 170 Arten von Blütenpflanzen wurden die Vakuolen verschiedener Zelltypen (zumeist Epidermiszellen) einerseits mit Hilfe einer Auswahl von basischen Farbstoffen (Neutralrot, Brillantcresylblau, Toluidinblau und Acridinorange) und dem neutralen Farbstoff Rhodamin B auf Vitalfärbeverhalten geprüft, andererseits mittels einiger histochemischer Reaktionen auf das Vorkommen von Inhaltsstoffen der Flavon-Gerbstoffgruppe geprüft.

2. Für die bei der Vitalfärbung ,,voller" Zellsäfte oft auftretenden Entmischungsformen wird eine Terminologie vorgeschlagen, welche je nach der Größe und dem Aggregationsgrad dieser Körper die Ausdrücke Entmischungskugel, Verschmelzungsprodukt, Dendrit, Krümelfällung und Körnchenfällung vorsieht. Es wird vermutet, daß diese Verschiedenheit der Ausbildung auf eine jeweils verschiedene Viskosität der Entmischung zurückgeht.

3. In allen Zellsäften, die sich bei Vitalfärbung als ,,voll" im Sinne von Höfler (1947) zeigen, ließen sich histochemisch entweder Flavone oder Gerbstoffe bzw. verwandte phenolhaltige Verbindungen, oder beide nebeneinander nachweisen.

4. Darüber hinaus lassen sich aus dem Vitalfärbebild, vor allem aus der Morphologie der Entmischungen in gewissen Grenzen Schlüsse auf die Art der Inhaltsstoffe ziehen: In allen Zellsäften, in denen nach Speicherung der angewandten basischen Farbstoffe Entmischungstropfen oder kristalline Abscheidung feststellbar sind, ließen sich Inhaltsstoffe aus den Flavongruppen nachweisen. Die überwiegende Zahl der Zellsäfte, die mit mehr als zwei der verwendeten Farbstoffe Dendriten oder Krümel gaben, zeigten Gerbstoffreaktion, vor allem die mit Koffein.

5. Bei beiden Unterarten von vollen Zellsäften, nämlich sowohl bei gerbstoffhaltigen als auch bei gerbstofffreien, gibt es Vakuolen, die die Vitalfarbstoffe nur diffus speicherten. Es ließ sich jedoch wahrscheinlich machen, daß es sich bei der Diffusfärbung der gerbstofffreien (nur flavonhaltigen) Zellsäfte um eine echte Lösung des Reaktionsproduktes Farbstoff-Inhaltsstoff handelt, während bei der Diffusfärbung gerbstoffhaltiger Objekte eine submikroskopische Ausfällung vorliegen dürfte. Sie scheint vor allem dort vorzukommen, wo Gerbstoffe allein ohne begleitende Flavone vorhanden sind.

Literaturverzeichnis

ARNOULD, L., et GORIS, A.: Action du réactif sulfovanillique de Ronceray sur quelques composés chimiques et quelques végétaux. Bull. d. scienc. pharmacolog. 1909, S. 191 (zit. bei TUNMANN-ROSENTHALER, Pflanzenmikrochemie, 2. Aufl., Berlin 1931)

BANCHER, E., und J. HÖLZL, 1960: Die Umwandlung leerer in volle Zellsäfte bei *Allium cepa* in Beziehung zur Flavonolbildung (Spektrophotometrische und mikrospektrographische Messungen) Flora 149, 396

BANK, O., 1936: Entmischung der gefärbten Vakuolenkolloide durch Farbstoffe. Protopl. 27, 367

BANK, O., und BUNGENBERG DE JONG, H. G., 1939: Untersuchungen über Metachromasie. Protopl. 32, 489

BLACK, F., 1958: Anthocyanins, Flavones, Xanthones. In „Handbuch der Pflanzenphysiologie" (hrsg. v. W. Ruhland), Bd. X

BORRISS, H., 1937 b: Die Abhängigkeit der Aufnahme und Speicherung basischer Farbstoffe durch die Pflanzenzellen von inneren und äußeren Faktoren. Ber. dtsch. Bot. Ges. 55, 584

BRAEMER, L., 1889: Un nouveau réactif histochem. des tannins. Bull. Soc. d'Hist. Nat. de Toulouse (zit. bei TUNMANN-ROSENTHALER, Pflanzenmikrochemie, 2. Aufl., Berlin 1931)

BUNGENBERG DE JONG, H. G., 1931: Die Koazervation und ihre Bedeutung für die Biologie. Protopl. 15, 110

BUNGENBERG, H. G., BANK, O., und HOSKAM, 1940: Morphologische Studien an Komplexkoazervaten. Flüssige bzw. gelatinierte Schaum- und Hohlkörper. Protopl. 34, 30

DRAWERT, H., 1937 a: Untersuchungen über den Erregungs- und Erholungsvorgang in pflanzlichen Geweben nach elektrischer und mechanischer Reizung. PLANTA 26, 391

— 1937 b: Der Einfluß anorganischer Salze auf die Aufnahme und Abgabe von Farbstoffen durch die pflanzl. Zelle. Ber. dtsch. Bot. Ges. 55, 380

— 1938 a: Beiträge zur Entstehung der Vakuolenkontraktion nach Vitalfärbung mit Neutralrot. Ber. dtsch. Bot. Ges. 56, 123

— 1939: Zur Frage der Stoffaufnahme durch die pflanzl. Zelle. I. Versuche mit Rhodamin B. Planta 29, 376

— 1940: Desgl. II. Die Aufnahme basischer Farbstoffe und das Permeabilitätsproblem. Flora 134, 159—214

— 1956: Die Aufnahme der Farbstoffe. Vitalfärbung. Ruhlands Handb. d. Pflanzenphysiologie, Bd. II, 252—289

DRAWERT, H., und B. ENDLICH, 1956: Der Einfluß des Sauerstoffes auf die Aufnahme und Speicherung saurer und basischer Farbstoffe durch die lebende Pflanzenzelle. Protopl. 46, 170

DRAWERT, H., und STRUGGER, S., 1938: Zur Frage der Methylenblauspeicherung in Pflanzenzellen. Ber. dtsch. Bot. Ges. 56, 43

ELSNER, W., 1932: Wirkungen des Methylenblau auf die lebende Pflanzenzelle. Zeitschr. f. wiss. Mikroskopie 49, 28

FLASCH, A., 1955: Die Festigkeit der Bindung einiger basischer Farbstoffe in vitalgefärbten Pflanzenzellen. Protopl. 45, 593

— 1955: Die Wirkung von Coffein auf vitalgefärbte Pflanzenzellen. Protopl. 44, 412

FISCHER, R., 1928: Über den mikroskopischen Saponinnachweis durch Blutgelatine, Pharm. Monatshefte (zit. bei TUNMANN-ROSENTHALER, Pflanzenmikrochemie, 2. Aufl., Berlin 1931)

FREUDENBERG, K., 1920: Ber. dtsch. chem. Ges. 53, 232 (zit. bei TUNMANN-ROSENTHALER, Pflanzenmikrochemie, 2. Aufl., Berlin 1931)

— 1932: Die natürlichen Gerbstoffe. In „Handbuch der Pflanzenanalyse" (hrsg. v. G. Klein), Bd. III/1, 344

GARDINER, W., 1884: The determination of Tannin in vegetable cells. The Pharm. Journ. and Transact. 588 (zit. bei TUNMANN-ROSENTHALER, Pflanzenmikrochemie, 2. Aufl. Berl. 1931)

GEISSMAN, T. H., 1955: Anthocyanins, Chalcones, Aurones, Flavones and related water-soluble Plant Pigments. In: PAECH-TRACEY, Moderne Methoden der Pflanzenanalyse, Springer-Verlag Berlin-Göttingen-Heidelberg 1955, Bd. III., S. 450

GICKLHORN, J., 1929: Beobachtungen über die vitale Farbstoffspeicherung. Kolloidchem. Bein. 28, 367

— 1929: Kristalline Farbstoffspeicherung in Protoplasma und Zellsaft pflanzlicher Zellen nach Vitalfärbung. Protopl. 7, 341

— 1932: Beobachtungen zu Fragen über Form, Lage und Entstehung des Golgi-Apparates. Protopl. 15, 365

HADDERS, M. und C. WEHMER, 1932: Systematische Verbreitung und Vorkommen der Flavone, Flavanone, Isoflavone und Xanthone. In „Handbuch der Pflanzenanalyse" (hrsg. v. G. Klein) Bd. III/2

HÄRTEL, O., 1951: Gerbstoffe als Ursache voller Zellsäfte. Protopl. 40, 338

— 1953: Fluoreszenzmikroskopische und mikrochemische Beobachtungen an Cirsium arvense. Mikroskopie VIII, 41

HAUSER, W., 1934: Zur Physiologie des Gerbstoffes in der Pflanzenzelle. Protopl. 24, 219. 2. Mitt. ebenda, 26, 413, 3. Mitt. ebenda, 27, 125

HÖFLER, K., 1947a: Was lehrt die Fluoreszenzmikroskopie von der Plasmapermeabilität und Stoffspeicherung? Mikroskopie 2, 13

— 1947b: Einige Nekrosen bei Färbung mit Acridinorange. S. ber. Öst. Akad. Wiss. math. naturwiss. Kl. Abt. I, 162, 571

— 1949: Fluoreszenzmikroskopie und Zellphysiologie. Biol. gen. 19, 90—113

— 1949: Fluorochromierungsstudien an Pflanzenzellen. In „Beiträge zur Fluoreszenzmikroskopie", „Mikroskopie" (1. Sonderband S. 46) G. Fromme, Wien

— und H. SCHINDLER, 1955: Volle und leere Zellsäfte bei Algen. Protopl. 45, 173—193

JOACHIMOWITZ, M., 1917: Ein neues Reagens auf Phloroglucin, Catechin und ihre Derivate, sowie über die Verbreitung derselben im Pflanzenreich. Biochem. Zeitschr. 1917, 324

Kasy, R., 1951: Untersuchungen über Verschiedenheiten der Gewebeschichten krautiger Pflanzen in Beziehung zu entwicklungsgeschichtlichen Befunden Hans Winklers an Pfropfbastarden. S. ber. Öst. Akad. Wiss. Math.-naturwiss. Kl., Abt. I, 160, 509

Kinzel, H., 1954: Theoretische Betrachtungen zur Ionenspeicherung basischer Vitalfarbstoffe in leeren Zellsäften. Protopl. 44, 52

— 1958: Metachromatische Eigenschaften basischer Vitalfarbstoffe. Protopl. 50, 1

— 1959: Über Gesetzmäßigkeiten und Anwendungsmöglichkeiten der Zellsaft-Vitalfärbung mit basischen Farbstoffen. Ber. dtsch. Bot. Ges. 72, 253

Klein, G., 1922: Der histochemische Nachweis der Flavone. Sitz. ber. d. Öst. Akad. Wiss. Math.-naturwiss. Kl., Abt. I, Bd. 131

— 1932: Handbuch der Pflanzenanalyse, Wien 1932, Springer-Verlag

Krauss, S., 1885: Abh. naturforsch. Ges. Halle, XVI, 372 (zit. bei Tunmann-Rosenthaler, Pflanzenmikrochemie, 2. Aufl. Berlin 1931)

Küster, E., 1956: Die Pflanzenzelle, III. Aufl. hrsg. v. G. Küster-Winkelmann und K. Höfler, Jena

Lepeschkin, W. W., 1911 a: Zur Kenntnis der chemischen Zusammensetzung der Plasmamembran. Ber. dtsch. Bot. Ges. 29, 247

Lindt, O., 1885: Über den Nachweis von Phloroglucin. Zeitschr. f. wiss. Mikroskopie II, 495

Mayer, W., 1958: Pflanzengerbstoffe. In „Ruhland, Handbuch der Pflanzenphysiologie“ Bd. X

Molisch, H., 1913: Mikrochemie der Pflanze, 1. Aufl. Verlag von Gustav Fischer, Jena

— 1921: Mikrochemie der Pflanze, 2. Aufl. Jena

— 1923: Mikrochemie der Pflanze, 3. Aufl. Jena

Möller, 1888: Anatomische Untersuchungen über das Vorkommen der Gerbsäure. Ber. dtsch. Bot. Ges. VI, 66

Overton, E., 1899: Über die allgemeinen osmotischen Eigenschaften der Zelle, ihre vermutlichen Ursachen und ihre Bedeutung für die Physiologie. Vjsch. Naturf. Ges. Zürich 44, 88 (zit. bei Tunmann-Rosenthaler, Pflanzenmikrochemie, Berlin 1931)

Paech, K., 1950: Biochemie und Physiologie der sek. Pflanzenstoffe. Springer-Verlag 1950

Paech, K. und Tracey, 1955: Moderne Methoden der Pflanzenanalyse, Springer-Verlag Berlin-Göttingen-Heidelberg

Pfeffer, W., 1886: Über die Aufnahme von Anilinfarben in lebende Zellen. Unters. Bot. Inst. Tübingen 2, 179

Rosenthaler, L., 1905: Farbreaktionen mit Vanillin-Salzsäure. Zeitschr. f. analyt. Chemie XLIV, 292

— 1937: zit. bei de Stevens und Nord, Natural Phenylpropane Derivatives in „Moderne Methoden der Pflanzenanalyse“ hrsg. v. Paech und Tracey, Springer-Verlag 1955

RUHLAND, W., 1912: Studien über die Aufnahme von Kolloiden durch die pflanzliche Plasmahaut. Jb. wiss. Bot. 51, 376

– Handbuch der Pflanzenphysiologie, Springer-Verlag Berlin-Göttingen-Heidelberg, Bd. III und Bd. X

SCHMIDT, O., 1955: Natürliche Gerbstoffe. In „Moderne Methoden der Pflanzenanalyse" hrsg. v. Paech und Tracey, Bd. III

SCHWENGBERG, 1949: Dissertation Gießen (zit. bei „Küster: Die Pflanzenzelle" III. Aufl. hrsg. v. G. Küster-Winkelmann und K. Höfler, Jena

SHIBATA, K. und M. KISHIDA, 1916: Untersuchungen über das Vorkommen und die physiologische Bedeutung der Flavonderivate in den Pflanzen. II. Mitt. Ein Beitrag zur chemischen Biologie der alpinen Gewächse. Bot. Mag. Tokyo, XXIX, 301, Ref. Bot. Centralblatt CXXXII, 343 (zit. bei TUNMANN-ROSENTHALER, Pflanzenmikrochemie, Berlin 1931)

DE STEVENS und F. NORD, 1955: Natural Phenylpropane Derivatives. In „Moderne Methoden der Pflanzenanalyse" hrsg. v. Paech und Tracey, Springer-Verlag, Bd. III

STRUGGER, S., 1936: Beiträge zur Analyse der Vitalfärbung pflanzlicher Zellen mit Neutralrot. Protpl. 26, 56

– 1943: Aufnahme und Speicherung des Auramins durch lebende Pflanzenzellen. Protopl. 37, 429

TUNMANN, O. und L. ROSENTHALER, 1931: Pflanzenmikrochemie. 2. Aufl. Berlin

WAAGE, TH., 1890: Über das Vorkommen von Phloroglucin in den Pflanzen. Ber. dtsch. Bot. Ges. VIII, 250

WALDHEIM, W., 1955: Vitalfärbestudien mit Rhodamin B. Dissertation der phil. Fak. Wien

WEBER, F., 1921: Die Zellsaftviskosität lebender Pflanzenzellen. Ber. dtsch. Bot. Ges. 39, 188

– 1930: Vakuolenkontraktion, Tropfenbildung und Aggregation in Stomatazellen. Protopl. 9, 128

WEHMER, C. und M. HADDERS 1932,: Systematische Verbreitung und Vorkommen der einzelnen natürlichen Gerbstoffe und verwandter Stoffe. In „Handbuch der Pflanzenanalyse" hrsg. v. G. Klein, Bd. III/1

WIESNER, G., 1951: Untersuchungen über Vitalfärbung von Alliumzellen mit basischen Hellfeldfarbstoffen. Protopl. 40, 405

VAN WISSELINGH, C., 1915: Über den Nachweis des Gerbstoffes in der Pflanze und über seine physiologische Bedeutung. Beih. z. Bot. Zentralbl. 32, 155

Die in den Sitzungsberichten Abtlg. I und Abtlg. IIa der math.-nat. Klasse der Österr. Ak. d. Wiss. erscheinenden Abhandlungen werden auch einzeln abgegeben. Sie können durch jede Buchhandlung oder direkt durch die Auslieferungsstelle der Österreichischen Akademie der Wissenschaften (Wien I, Singerstraße 12) bezogen werden.

Nachfolgende Abhandlungen aus dem Fach der **Zoologie** sind erschienen:

1957 (S I Bd. 166):

Kühnelt W.: Weiß als Strukturfarbe bei Wüstentenebrioniden (mit einem Beitrag von C. Koch, Pretoria) (mit 1 Tafel). S 8.60

Starmühlner F.: Ergebnisse der Österreichischen Island-Expedition 1955. Zur Individuendichte und Formänderung von Lymnaea peregra Müller in isländischen Thermalbiotopen (mit 7 Textabbildungen und 2 Tafeln). S 46.80

Starmühlner F.: Ergebnisse der Österreichischen Iran-Expedition 1949/50. Beiträge zur Kenntnis der Molluskenfauna des Iran, und Edlauer A.: Konchyliologische Bestimmungen und Beschreibungen (mit 17 Textabbildungen, 3 Tafeln und 1 Beilage).

Tollmann A.: Die Mikrofauna des Burdigal von Eggenburg (Niederösterreich) (mit 2 Textabbildungen 7 Tafeln und 2 Tabellen). S 45.90

Wettstein O.: Nachtrag zu meiner Herpetologia aegaea (mit 2 Textabbildungen und 8 Tafeln). S 56.60

1958 (SI Bd. 167):

Amsel Hans Georg: Ergebnisse der Österreichischen Iran-Expedition 1949/50. Lepidoptera II. (Microlepidoptera) (mit 1 Tafel und 7 Textabbildungen). S 12.60

Beier Max, Reimoser E. und Kritscher E.: Zoologische Studien in West-Griechenland. VII. Teil Araneae. S 5.70

Beier Max und Scheerpeltz Otto: Zoologische Studien in West-Griechenland. VIII. Staphylinidae (Col.) (mit 1 Textabbildung). S 48.30

Brehm V.: Bemerkungen zu einigen Kopepoden Südamerikas (mit 5 Textabbildungen). S 25.60

Brehm V.: Die systematischen Verhältnisse bei Notodiaptomus Anisitsi Daday und perelegans Wright (mit 4 Textabbildungen). S 10.50

Löffler Heinz: Die Klimatypen des holomiktischen Sees und ihre Bedeutung für zoogeographische Fragen (mit 1 Textabbildung und 1 Beilage). S 27.30

Mihelčič Franz: Zoologisch-systematische Ergebnisse der Studienreise von H. Janetschek und W. Steiner in die spanische Sierra Nevada 1954, IX. Milben (Acarina) (mit 10 Textabbildungen). S 21.60

Nemenz Harald: Beitrag zur Kenntnis der Spinnenfauna des Seewinkels (Burgenland, Österreich) (mit 3 Textabbildungen). S 27.30

Reisser Hans: Ergebnisse der Österreichischen Iran-Expedition 1949/50. Lepidoptera I. (Macrolepidoptera) (mit 44 Abbildungen auf 9 Tafeln und 1 Karte). S 57.70

Scheminzky F. und Stipperger H.: Über die Fluoreszenz der Eihäute beim Weberknecht Gyas annulatus (mit 1 Textabbildung und 1 Tafel). S 8.10

Schuster Reinhart: Beitrag zur Kenntnis der Milbenfauna (Oribatei) in pannonischen Trockenböden (mit 4 Textabbildungen). S 12.60

Viets O. Kurt: Wassermilben aus der Schwechat (Wienerwald) (mit 20 Textabbildungen). S 19.80

1959 (S I Bd. 168):

Baumgartner-Gamauf Margaretha: Einige ufer- und wasserbewohnende Collembolen des Seewinkels S 5.80

Beier Max und Wagner W.: Zoologische Studien in Westgriechenland. IX. Teil. Homoptera (mit 63 Textabbildungen). S 22.60

Brehm V.: Bemerkungen zu einigen Kopepoden Südamerikas (mit 25 Textabbildungen). S 25.90

Brehm V.: Contribution à l'étude de faune d'Afghanistan Nr.17 (mit 12 Textabbildungen). S 18.90

Eiselt Josef: Entomolepis adriae n. sp., ein Beitrag zur Kenntnis der kaum bekannten Gattungen siphonostomer Cyclopoiden: Entomolepis, Lepeopsyllus und Parmulodes (Copepoda, Crust.) (mit 4 Textabbildungen). S 19.10

Löffler Heinz: Zur Limnologie. Entomostraken- und Rotatorienfauna des Seewinkelgebietes (Burgenland Österreich) (mit 5 Textabbildungen und 4 Tafeln). S 60.20

Remaudière Georges: Zoologisch-systematische Ergebnisse der Studienreise von H. Janetschek und W. Steiner in die spanische Sierra Nevada 1954. XI. Homoptera, Aphidoidea (mit 12 Textabbildungen). S 9.70

Schubart Otto: Zoologisch-systematische Ergebnisse der Studienreise von H. Janetschek und W. Steiner in die spanische Sierra 1954. XII. Diplopoda (mit 9 Textabbildungen). S 16.50

Schuster Reinhart: Ökologisch-faunistische Untersuchungen an den bodenbewohnenden Kleinarthropoden (speziell Oribatiden) des Salzlachengebietes im Seewinkel (mit 6 Textabbidungen). S 45.40

Steiner Walter: Zoologisch-systematische Ergebnisse der Studienreise von H. Janetschek und W. Steiner in die spanische Sierra Nevada 1954. X. Springschwänze (Collembola) (mit 5 Textabbildungen). S 12.90

Wettstein-Westersheimb Otto: Die alpinen Erdmäuse. S 10.–